中文版
Photoshop CS6
基础教程

▶ ▶ ▶ ▶

凤凰高新教育◎编著

北京大学出版社
PEKING UNIVERSITY PRESS

内容提要

Photoshop CS6是一款功能强大的图像处理软件，被广泛应用于商业广告设计、婚纱影楼、游戏设计、效果图后期处理、特效制作等相关行业领域。

本书以案例为引导，系统并全面地讲解了Photoshop CS6图像处理的相关功能与技能应用。内容包括Photoshop CS6图像处理的基础知识，选区的应用，图像的绘制与修饰，图层、文字、路径、蒙版、通道的应用，图像颜色的调整，滤镜的应用，自动化任务与打印输出等知识。本书第11章为商业案例实训，通过本章的学习，可以提升读者的Photoshop图像处理与设计的综合实战技能水平。

本书由图形图像行业内的专业设计师与培训团队策划并执笔编写，内容安排上注重"学得会、用得上"，非常适合广大初学者和Photoshop爱好者学习使用，也可以作为计算机培训学校相关专业的教学用书。

图书在版编目(CIP)数据

中文版Photoshop CS6基础教程 / 凤凰高新教育编著. — 北京：北京大学出版社，2016.12

ISBN 978-7-301-27680-8

Ⅰ.①中… Ⅱ.①凤… Ⅲ.①图象处理软件—教材 Ⅳ.①TP391.41

中国版本图书馆CIP数据核字(2016)第263734号

书　　名	**中文版 Photoshop CS6基础教程** ZHONGWEN BAN Photoshop CS6 JICHU JIAOCHENG
著作责任者	凤凰高新教育　编著
责 任 编 辑	尹　毅
标 准 书 号	ISBN 978-7-301-27680-8
出 版 发 行	北京大学出版社
地　　址	北京市海淀区成府路205 号　100871
网　　址	http://www.pup.cn　　新浪微博：@北京大学出版社
电 子 信 箱	pup7@pup.cn
电　　话	邮购部62752015　发行部62750672　编辑部62580653
印 刷 者	河北涿县鑫华书刊印刷厂
经 销 者	新华书店
	787毫米×1092毫米　16开本　20.5印张　406千字
	2016年12月第1版　2023年5月第13次印刷
印　　数	36001—38000册
定　　价	45.00元

Photoshop CS6是目前流行的图像处理与设计软件之一，其功能非常强大，使用方便。该软件广泛应用于平面广告设计、包装设计、数码艺术设计、影视后期处理、插画设计、网页设计、产品造型设计等行业领域，深受广大平面设计人员和图像处理爱好者的青睐。

本书内容介绍

本书以案例为引导，系统并全面地讲解了Photoshop CS6图像处理的相关功能与技能应用。内容包括Photoshop CS6的基础知识、选区的基础与运用、图层的基础与应用、文本的创建与编辑、绘画和修饰图片、图像色彩的调整、路径的绘制与编辑、蒙版和通道的基础与应用、滤镜的基础与应用、任务自动化等。本书第11章为商业案例实训，通过本章学习，可以提升读者的Photoshop图像处理与设计的综合实战技能水平。

本书共分11章，具体内容如下。

第1章　Photoshop CS6的基础知识　　第2章　选区的基础与运用

第3章　图层的基础与运用　　第4章　文本的创建与编辑

第5章　绘画和修饰图片　　第6章　图像色彩的调整

第7章　路径的绘制与编辑　　第8章　通道、蒙版的基础与运用

第9章　滤镜的基础与运用　　第10章　任务自动化

第11章　商业案例实训　　附录A　Photoshop CS6工具与快捷键索引

附录B　Photoshop CS6命令与快捷键索引　　附录C　下载、安装和卸载Photoshop CS6

附录D：综合上机实训题　　附录E　知识与能力总复习题1

附录F　知识与能力总复习题2　　附录G　知识与能力总复习题3

本书相关特色

全书内容安排由浅入深，语言写作通俗易懂，实例题材丰富多样，每个操作步骤的介绍都清晰准确。特别适合计算机培训学校作为相关专业的教材用书，同时也可作为广大Photoshop初学者、图像处理爱好者的学习参考用书。

内容全面，轻松易学。本书内容翔实，系统全面。在写作方式上，采用"步骤讲述+配图说明"的方式进行编写，操作简单明了，浅显易懂。本书提供附赠资源，包括本书中所有案例的素材文件与最终效果文件。同时还配有与书中内容同步讲解的多媒体教

学视频，让读者轻松学会Photoshop CS6的图像处理技能。

案例丰富，实用性强。全书安排了26个"课堂范例"，帮助读者认识和掌握相关工具、命令的实战应用；安排了28个"课堂问答"，帮助读者排解学习过程中的疑难问题；安排了10个"上机实战"和10个"同步训练"的综合例子，提升读者的实战技能水平；并且每章后面都安排有"知识与能力测试"的习题，认真完成这些测试习题，可以帮助读者对知识技能进行巩固（提示：相关习题答案在附赠资源中）。

本书知识结构图

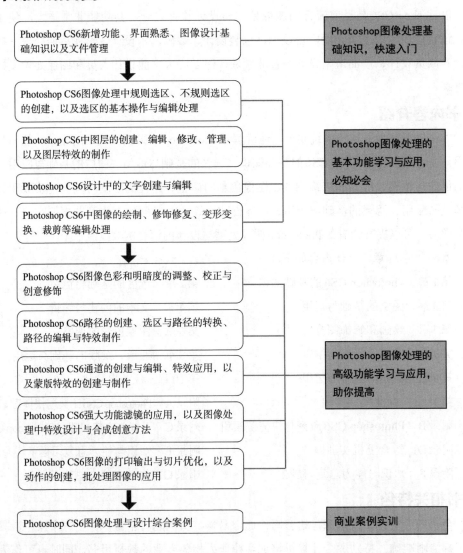

教学课时安排

本书综合了Photoshop CS6软件的功能应用，现给出本书教学的参考课时（共60个课时），主要包括教师讲授33课时和学生上机实训27课时两部分，具体如下表所示。

章节内容	课时分配	
	教师讲授	学生上机实训
第1章　Photoshop CS6 的基础知识	2	1
第2章　选区的基础与运用	2	2
第3章　图层的基础与运用	4	4
第4章　文本的创建与编辑	2	1
第5章　绘画和修饰图片	4	4
第6章　图像色彩的调整	4	2
第7章　路径的绘制与编辑	2	2
第8章　通道、蒙版的基础与运用	4	3
第9章　滤镜的基础与运用	4	4
第10章　任务自动化	2	1
第11章　商业案例实训	3	3
合　　计	33	27

下载资源说明

本书附赠下载资源，具体内容如下。

1．素材文件

指本书中所有章节实例的素材文件。全部收录在下载资源中的"素材文件"文件夹中。读者在学习时，可以参考图书讲解内容，打开对应的素材文件进行同步操作练习。

2．结果文件

指本书中所有章节实例的最终效果文件。全部收录在下载资源中的"结果文件"文件夹中。读者在学习时，可以打开结果文件，查看其实例效果，为自己在学习中的练习操作提供帮助。

3．视频教学文件

本书为读者提供了长达近440分钟的与书同步的视频教程。读者可以通过相关的视频播放软件（Windows Media Player、暴风影音等）打开每章中的视频文件进行学习，并且配有语音讲解，非常适合无基础的读者学习。

4．PPT课件

本书为教师们提供了非常方便的PPT教学课件，各位教师选择该书作为教材，不用再担心没有教学课件，自己也不必再制作课件内容。

5．习题答案汇总

下载资源中的"习题答案汇总"文件，主要为教师及读者提供了每章后面的"知识与能力测试"习题的参考答案，还包括本书3套综合试卷"知识与能力总复习题"的参考答案。

6．其他赠送资源

本书为了提高读者对软件的实际应用，综合整理了"设计软件在不同行业中的学习指导"，方便读者结合其他软件灵活掌握设计技巧、学以致用。同时，本书还赠送《高效能人士效率倍增手册》，帮助读者提高工作效率。

温馨提示：本书提供的附赠资源，读者可以通过扫描封底二维码，关注"博雅读书社"微信公众号，找到资源下载栏目，输入本书77页的资源下载码，根据提示获取。

创作者说

在本书的编写过程中，我们竭尽所能地为您呈现最好、最全的实用功能，但仍难免有疏漏和不妥之处，敬请广大读者不吝指正。若您在学习过程中产生疑问或有任何建议，可以通过E-mail或QQ群与我们联系。

投稿信箱：pup7@pup.cn

读者信箱：2751801073@qq.com

读者交流群：218192911（办公之家）、363300209

编 者

CONTENTS 目 录

CS6
PHOTOSHOP

第1章
Photoshop CS6 的
基础知识

1

本章讲述了使用 Photoshop CS6 对图像处理之前必须掌握的基础知识，详细介绍了 Photoshop 的工作界面、图像文件管理、图像文件的基本操作等知识。通过实例及习题的精心安排，让读者能更加巩固本章学习的知识，也为以后的学习打下坚实的基础。

学习目标

- 认识 Photoshop CS6
- 熟练掌握 Photoshop 文件的基础操作
- 熟练掌握 Photoshop 图像的基本操作
- 掌握优化 Photoshop CS6 工作环境的方法

Photoshop CS6 的基本介绍

Photoshop 是一款功能强大的图形图像处理软件，本节将介绍 Photoshop 的新增功能、工作界面、工具箱、常用图像文件格式等。

1.1.1 Photoshop CS6 的简介

Photoshop 是美国 Adobe 公司开发的一款图形图像处理软件，于 1987 年推出。Photoshop CS6 在图像处理方面应用得非常广泛，如平面广告设计、VI 设计、绘制卡通与插画、产品造型设计、游戏与多媒体界面、数码相片处理及网页设计等。

1.1.2 Photoshop CS6 的新增功能

在 Photoshop CS6 版本中，软件的界面与功能的结合更加趋于完美，各种命令与功能不仅得到了很好的扩展，还最大限度地为操作提供了简捷有效的途径。Photoshop CS6 又新增了许多智能化的功能，下面介绍一些比较突出的增强功能。

1. 新增的深色背景

Photoshop CS6 版本增加了深色背景选项，参数设置的改进使用户操作更加顺畅。执行【编辑】→【首选项】→【界面】命令，打开【首选项】对话框，如图 1-1 所示。单击对话框中的深色按钮，界面显示为深色，如图 1-2 所示。

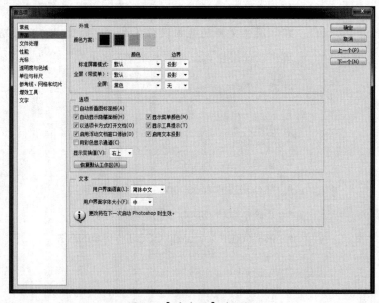

图 1-1 【首选项】对话框

图1-2　界面显示为深色

用快捷键也可以进行此操作，按【Alt+F1】组合键，工作界面从深灰逐次调到黑色；按【Alt+F2】组合键，工作界面逐级调亮。

2. 新增透视裁剪工具

Photoshop CS6 新增的透视裁剪工具，可以纠正由于照相机或者摄影机角度问题造成的畸变。

打开一张具有透视效果的图片，选择工具箱中的【透视裁剪工具】▦，在图像中拖曳出裁剪范围，如图1-3所示。移动右上角的节点，使其与墙面透视方向一致，如图1-4所示。

图1-3　打开图片

图1-4　在图像中拖曳出裁剪范围

按【Enter】键确认，即可得到正面的效果，如图1-5所示。

3. 内容感知移动工具

使用内容感知移动工具可以将选中的对象移动或复制到图像的其他区域，并重组和混合对象，产生超自然的视觉效果。

打开一张图片，选择工具箱中的【内容

图1-5　得到正面的效果

感知移动工具】 ✖，在要移动的图像处拖动创建选区，如图1-6所示。按住鼠标左键不放拖到新的位置后释放鼠标，即可移动图像，如图1-7所示。

图1-6　创建选区　　　　　　　　　　　　　　图1-7　移动图像

4. 自适应广角模糊

Photoshop CS6的【模糊】滤镜组中新增加了【光圈模糊】，可以模拟出专业级的摄影模糊效果，图1-8为原图，图1-9为光圈模糊后的效果。

图1-8　原图　　　　　　　　　　　　　图1-9　光圈模糊后的效果

5. 自动恢复功能

在Photoshop CS6版本中，新增的自动恢复功能可以避免文件的意外丢失，文件每隔10分钟会自动进行存储。当文件正常关闭时，系统自动删除备份文件；如果文件非正常关闭，重启Photoshop CS6时，系统会自动打开并恢复该文件。这样就可以避免因死机、停电等原因，导致自己的工作成果没有保存。

6. 人性化打印界面

Photoshop CS6新推出的打印界面可以重新调整打印窗口的大小，将查看区域最大化。执行【文件】→【打印】命令，打开【Photoshop 打印设置】对话框，在预览中可以手动控制打印区域和选区，如图1-10 所示。

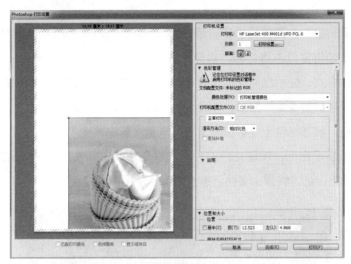

图1-10　【Photoshop 打印设置】对话框

1.1.3　Photoshop CS6 的工作界面

Photoshop CS6 的工作界面更便于操作，包含菜单栏、工具选项栏、图像编辑窗口、状态栏及浮动面板等组件，如图1-11 所示。

图1-11　工作界面

- 菜单栏：菜单栏用于完成图像处理中的各种操作和设置。
- 工具箱：工具箱位于工作界面左侧，包括选择工具、绘图工具、钢笔路径工具、视图控制工具和绘图工具等。

- 工具选项栏：工具选项栏位于菜单栏的下方，当用户在工具箱中选取了某个工具时，选项栏中就会显示出相应的属性和控制参数，工具选项栏是随所选工具变化的。

- 图像编辑窗口：图像编辑窗口是 Photoshop 的工作区，所有的图像处理操作都是在图像编辑窗口中进行的。图像编辑窗口标题栏中显示了该图像文件的文件名及文件格式、显示比例及图像色彩模式等信息。窗口标题栏右侧的 3 个控制按钮用于对当前图像编辑窗口进行最小化、最大化和关闭操作。

- 状态栏：状态栏位于图像编辑窗口的底部，它主要由 3 部分组成，用于显示当前图像的显示比例、图像文件的大小，以及当前工具使用提示等信息，单击状态栏上的▶标记，将弹出文件状态快捷菜单，如图 1-12 所示。

图 1-12　弹出文件状态快捷菜单

- 浮动面板：浮动面板默认显示在工作界面的右侧，每一组面板由数个面板嵌套组合在一起，可以将其移出或是自由组合。

1.1.4　Photoshop CS6 的工具箱

工具箱中工具右下角有三角形图标，表示此工具组中还隐藏了其他工具，右键单击工具，或者用左键按住该按钮不放持续 1 秒，就会弹出隐藏的工具组，移动鼠标指针到需要选择的工具上，释放鼠标后，即可选择相应的工具。在键盘上按下相应的键，可从工具箱中自动选择相应的工具，如图 1-13 所示为展开后的工具箱。

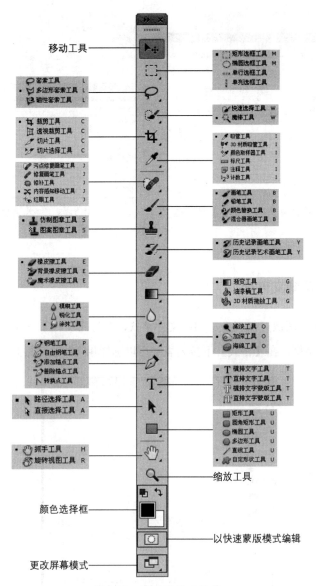

图1-13　展开后的工具箱

技能拓展

　　执行【编辑】→【键盘快捷键】命令，打开【键盘快捷键和菜单】对话框，在【快捷键用于】下拉列表中选择【工具】，如图1-14所示。输入想要定义的工具的快捷键，单击【接受】按钮，再单击【确定】按钮即可，如图1-15所示。

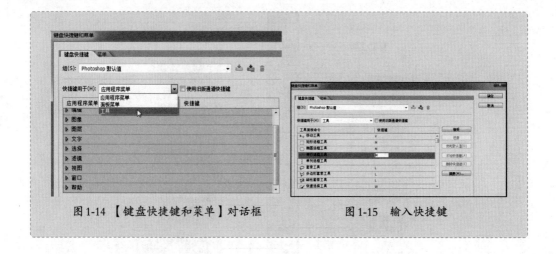

图 1-14 【键盘快捷键和菜单】对话框　　　　图 1-15　输入快捷键

常用图像文件格式

在 Photoshop 中图像可保存为不同的文件格式，执行【文件】→【存储为】命令，打开【存储为】对话框，在【格式】下拉列表中可以选择相应的文件格式，如图 1-16 所示。

图 1-16　选择相应的文件格式

1. JPEG 文件格式

JPEG 文件格式是有损压缩格式，大多数的图形处理软件都支持。如果对图像质量要求不高，但又要求存储大量图片，使用 JPEG 无疑是一个好办法。但是，若要求进行图像输出打印，最好不要使用 JPEG 格式，因为它是以损坏图像质量为代价来提高压缩质量的。

2. PSD 文件格式

PSD 格式是 Photoshop 新建图像的默认文件格式，且是唯一支持所有可用图像模式

（位图、灰度、双色调、索引颜色、RGB、CMYK、Lab 和多通道）、参考线、Alpha 通道、专色通道和图层（包括调整图层、文字图层和图层效果）的格式。

3. BMP 文件格式

BMP 是微软开发的 Microsoft Pain 的固有格式，这种格式被大多数软件所支持。BMP 格式采用了一种叫 RLE 的无损压缩方式，对图像质量不会产生影响。

4. GIF 文件格式

GIF 是输出图像到网页最常采用的格式。GIF 采用 LZW 压缩，限定在 256 色以内的色彩。GIF 格式以 87a 和 89a 两种代码表示。GIF87a 严格支持不透明像素，而 GIF89a 可以控制哪些区域透明，因此，更大地缩小了 GIF 的尺寸。

5. TIFF 文件格式

TIFF 图像文件格式是跨越 Mac 与 PC 平台比较广泛的图像打印格式。TIFF 使用 LZW 无损压缩，大大缩小了图像所占用的存储空间，另外，TIFF 格式最令人激动的功能是可以保存通道。

TIFF 格式支持具有 Alpha 通道的 CMYK、RGB、Lab、索引颜色和灰度图像，并支持无 Alpha 通道的位图模式图像。Photoshop 可以在 TIFF 文件中存储图层，但是，如果在另一个应用程序中打开该文件，则只有拼合图像是可见的。

6. PNG 文件格式

PNG 文件格式是一种可移植的网络图形格式，适合于任何类型、任何颜色深度的图片。也可以用 PNG 来保存带调色板的图片。该格式使用无损压缩来减小图片的大小，同时保留图片中的透明区域，所以文件也略大。

> **温馨提示**
> CMYK 模式的文件不能存为 PNG 格式，可执行【图像】→【模式】命令，将 CMYK 模式转换为 RGB 模式。

1.2 Photoshop 文件的基础操作

图像文件管理包括图像文件的新建、打开、保存与关闭等操作，下面分别介绍这些基本操作。

1.2.1 打开文件

在 Photoshop 中打开文件的方法如下。

步骤01 执行【文件】→【打开】命令，如图 1-17 所示，或按【Ctrl+O】组合键，打开【打开】对话框。

步骤02 在【打开】对话框中，单击【查找范围】右边的下拉列表框按钮 ▾ ，选择打开文件的位置，单击所需打开的文件，再单击【打开】按钮即可打开图片，如图1-18所示。

图 1-17 执行【文件】→【打开】命令   图 1-18 【打开】对话框

温馨提示

文件类型默认为【所有格式】，对话框中会显示所有格式的文件。如果文件数量较多，可以在下拉列表中选择一种文件格式，使对话框中只显示该类型的文件，以便于查找。

1.2.2 关闭文件

在 Photoshop 中关闭文件有多种方法，下面分别介绍。

方法一：通过菜单命令关闭。

确定要关闭的文件为当前文件，执行【文件】→【关闭】命令，或按【Ctrl+W】组合键就可关闭当前文件了。

如果对打开多个文件需要全部关闭，执行【文件】→【关闭全部】命令，或者按【Alt+Ctrl+W】组合键即可。

方法二：通过关闭按钮关闭。

在 Photoshop CS6 中，当用户完成操作后直接单击要关闭文件窗口右上角的【关闭】 ✕ 按钮即可。

1.2.3 新建文件

启动 Photoshop CS6 程序后，默认状态下没有可操作文件，需要新建一个空白文件，具体操作如下。

执行【文件】→【新建】命令，如图1-19所示，或按【Ctrl+N】组合键，打开【新建】对话框。

在【新建】对话框中，用户可以根据需要自定义设置图像的名称、尺寸、分辨率、色彩模式、图像背景等格式内容。设置好后单击【确定】按钮即可新建一个空白文件。

还可以在对话框的预设中选择预定好的尺寸，如选择常用的【国际标准纸张】，如图1-20所示；选择好后对话框如图1-21所示。

图1-19　执行【文件】→【新建】命令

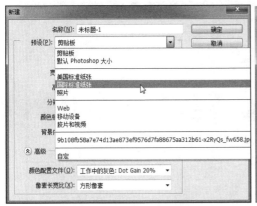

图1-20　选择【国际标准纸张】

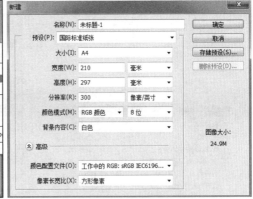

图1-21　国际标准纸张

在【新建】对话框中，常用参数的含义和作用如下。

- 名称：输入新建的文档名称，如果没有输入，则程序将使用默认的文件名：未标题-1、未标题-2、未标题-3……，依次类推。
- 预设：从其下拉列表框中可选择各种规格的图像尺寸（例如，美国标准纸张、国际标准纸张、照片等）。另外，用户也可以直接在【宽度】和【高度】文本框中输入所需的图像宽度和高度值。
- 宽度和高度：分别用于设置图像文件的宽度和高度，可在文本框内输入值。可以单击下拉按钮，在弹出的下拉列表中设置度量单位，例如，像素、厘米、英寸、磅、派卡和列，其中，厘米（cm）是我国常采用的度量单位。
- 分辨率：设置图像文件所需的分辨率。在Photoshop中，分辨率最常用的单位是像素/英寸，简写为PPI。
- 颜色模式：在其下拉列表框中可选择图像的颜色模式，常用的图像颜色模式有位图、RGB颜色、CMYK颜色。
- 背景内容：背景内容也称作背景，即画布的颜色，可以设置为任何颜色，常用白色背景。

1.2.4 存储文件

图像编辑完成后要退出 Photoshop CS6 的工作界面时，需要对完成的图像进行保存，其操作方法如下。

步骤01 执行【文件】→【存储】命令，如图 1-22 所示，或按【Ctrl + S】组合键，打开【存储为】对话框。

步骤02 在【存储为】对话框中单击【保存在】右边的列表框按钮 ▾，选择文件的保存位置，在【文件名】文本框中输入保存文件的名称，单击【格式】右边的列表按钮 ▾，选择文件的保存类型，如图 1-23 所示，设置完成后单击【保存】按钮即可。

图 1-22 执行【文件】→【存储】命令   图 1-23 【存储为】对话框

温馨提示

当对已打开的文件进行修改编辑后，使用【存储】命令可以直接覆盖原文件。如果既要保留修改过的文件，又不想放弃原文件，则可以用【存储为】命令来保存文件。

1.2.5 置入图像

打开或者新建一个文档后，可以使用【文件】菜单中的【置入】命令将照片、图片等位图，以及 EPS、PDF、AI 等矢量文件作为智能对象置入 Photoshop 文档中使用。具体步骤如下。

执行【文件】→【置入】命令，打开【置入】对话框，选择文件，单击【置入】按钮，如图 1-24 所示。

图 1-24　【置入】对话框

图像置入到背景图像中，如图 1-25 所示。将置入的文件移动位置，然后双击鼠标左
键或按【Enter】键可确定置入，如图 1-26 所示。

图 1-25　图像置入到背景图像中

图 1-26　确定置入

1.3　Photoshop 图像的基本操作

本节将介绍位图和矢量图、像素与分辨率的关系、图像的缩放与移动等基本
操作。

1.3.1　认识位图和矢量图

图像分为矢量图和位图两类，矢量图与分辨率无关，而位图的精度则由分辨率决定，

下面分别进行介绍。

1. 位图

位图也叫点阵图，是由被称作像素的单个点组成的。这些点可以进行不同的排列和染色以构成图样。当放大位图时，可以看见赖以构成整个图像的无数单个方块。

扩大位图尺寸的效果是增大单个像素，从而使线条和形状显得参差不齐。如果从稍远的位置观看它，位图图像的颜色和形状又显得是连续的。

在创建位图时，一般需要用户指定分辨率和图像尺寸。位图在放大到一定的程度时就可以发现它是由一个个小方格（像素）组成的，位图放大后会模糊。选择工具箱中的【缩放工具】🔍，在图1-27的红框处单击，位图超过100%时会变模糊，如图1-28所示。

图1-27　位图　　　　　　　　　　　　图1-28　放大位图

2. 矢量图

矢量图根据几何特性来绘制图形，矢量可以是一个点或一条线，矢量图只能靠软件生成，文件占用硬盘空间较小，因为这种类型的图像文件包含独立的分离图像，可以自由无限制地重新组合。它的特点是放大后图像不会失真，和分辨率和像素无关，文件占用空间较小，适用于图形设计、文字设计和一些标志设计、版式设计等。选择工具箱中的【缩放工具】🔍，在图1-29的红框处单击，图形无论放大多少倍依然清晰，如图1-30所示。

图1-29　矢量图　　　　　　　　　　　图1-30　放大矢量图

1.3.2 像素与分辨率的关系

像素是组成位图图像的最基本的元素。每一个像素都有自己的位置，并记载着图像的颜色信息，一个图像包含的像素越多，颜色信息越丰富，图像的效果也会更好，但文件也会随之增大。

在位图中，图像的分辨率是指单位长度上的像素点，通常用每英寸的像素点来表示。相同尺寸的图像，分辨率越高，单位长度上的像素点越多，图像越清晰，占有更大的硬盘空间；反之，图像越模糊。分辨率的单位为像素/英寸（PPI），如72PPI表示每英寸包含72个像素点。

像素与分辨率是两个密不可分的重要概念，它们的组合方式决定了图像的数据量。在打印时，高分辨率的图像要比低分辨率的图像包含更多的像素，因此，像素点更小，像素的密度更高，所以可以重现更多细节和更细微的颜色过度效果。虽然分辨率越高，图像的质量越好，但也会增加占用的存储空间，只有根据图像的用途设置合适的分辨率才能取得最佳的使用效果。

1.3.3 图像的缩放与移动

1. 缩放图像

选择工具箱中的【缩放工具】🔍或按【Z】键，将激活【缩放工具】选项栏，如图1-31所示。

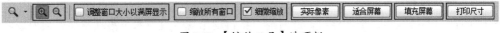

图1-31 【缩放工具】选项栏

【缩放工具】选项栏中常用参数的含义如下。

- 放大 🔍/缩小 🔍：按下 🔍 按钮后，单击鼠标可以放大窗口。按下 🔍 按钮后，单击鼠标可以缩小窗口。
- 调整窗口大小以满屏显示：在缩放窗口的同时自动调整窗口的大小。
- 缩放所有窗口：同时缩放所有打开的文档窗口。
- 细微缩放：勾选该复选框后，在画面中单击并向左侧或右侧拖动鼠标指针，能够以平滑的方式快速放大或缩小窗口；取消勾选时，在画面中单击并拖动鼠标指针，可以拖出一个矩形选框，释放鼠标后，矩形选框内的图像会放大至整个窗口。按住【Alt】键操作可以缩小矩形选框内的图像。
- 实际像素：单击该按钮，图像以实际像素即100%的比例显示。也可以双击【缩放工具】来进行同样的调整。

- 适合屏幕：单击该按钮，可以在窗口中最大化显示完整的图像。也可以双击抓手工具来进行同样的调整。
- 填充屏幕：单击该按钮，可以在整个屏幕范围内最大化显示完整的图像。
- 打印尺寸：单击该按钮，可以按照实际的打印尺寸显示图像。

可以直接按【Ctrl++】组合键快速放大图像，按【Ctrl+-】组合键快速缩小图像。

还可以执行【编辑】→【常规】命令，打开【首选项】对话框，选中【用滚轮缩放】选项，如图1-32所示，单击【确定】按钮，即可用滚轮缩放图像。

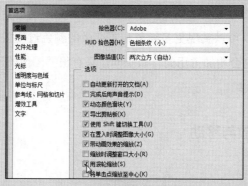

图1-32 【首选项】对话框

2. 移动图像

当窗口不能显示全部图像时，此时窗口将自动出现垂直或水平滚动条，如果要查看被放大的图像的隐藏区域，可以使用抓手工具移动画面，查看图像的不同区域。

在画面中按住鼠标左键不放并拖动，如图1-33所示，可以平移图像在窗口中的显示内容，以方便观察图像窗口中无法显示的内容，如图1-34所示。

图1-33 按住鼠标左键不放并拖动

图1-34 平移显示内容

双击工具箱中的【抓手工具】🖐️，将自动调整图像大小以适合屏幕的显示范围。使用其他工具时，按住键盘上的空格键都可以暂时切换到抓手工具，松开空格键后所选工具仍为之前的工具。

1.3.4 裁剪工具

使用裁剪工具裁剪图像的具体操作步骤如下。

步骤01 选择工具箱中的【裁剪工具】🔲，图像四周显示出裁剪框，如图1-35所示。在画面中以荷花为主体，单击并拖动鼠标创建裁剪区域，如图1-36所示。

图1-35　图像四周显示出裁剪框　　　　　　　图1-36　创建裁剪区域

步骤02 确定裁剪范围后，按【Enter】键即可完成裁剪，如图1-37所示。

图1-37　完成裁剪

【裁剪工具】选项栏如图1-38所示，选项栏中各参数含义如下。

图1-38　【裁剪工具】选项栏

- 使用预设裁剪：单击此按钮可以打开预设的裁剪选项。

- 纵向与横向旋转裁剪框：单击该按钮，可即在【横向】和【纵向】裁剪框之间转换。

- 拉直图像：单击【拉直】按钮🖼️，在照片上单击并拖动鼠标绘制一条直线，让其先与地平线、建筑物墙面和其他关键元素对齐，即可自动将画面拉直。

- 视图选项：在打开的列表中选择进行裁剪时的视图显示方式。

- 设置其他裁切选项：单击【设置】按钮 ⚙️，可以打开下拉面板；在该面板中，可以设置裁剪工具的其他选项，包括【使用经典模式】和【启用裁剪屏蔽】等。

- 删除裁剪的像素：默认情况下，Photoshop CS6 会将裁剪掉的图像保留在文件中（可以使用移动工具拖动图像，将隐藏的图像内容显示出来）。如果要彻底删除被裁剪的图像，可勾选该复选框，再进行裁剪。

- 复位、取消、提交：单击【复位】按钮🔁，可以将裁剪区域、图像旋转、长宽比确定到图像边缘的状态；单击【取消】按钮🚫，可以回到选择裁剪工具的最初状态；单击【提交】按钮☑️，可以确定当前的裁剪。

1.3.5 还原、前进一步与后退一步

我们在编辑图像的过程中，会出现很多操作失误或对创建的效果不满意的情况，可以撤销操作或者将图像恢复为最近保存过的状态。

方法一：使用菜单或快捷键。

执行【编辑】→【还原】命令，可以撤销对图形所作的最后一次修改，将其还原到上一步编辑状态中。【还原】命令只能还原一步操作，如果要连续还原，可以连续执行【编辑】→【后退一步】命令。如果要取消还原，可以连续执行【编辑】→【前进一步】命令，逐步恢复被撤销的操作。

也可使用快捷键操作，按【Ctrl+Z】组合键还原，按【Shift+Ctrl+Z】组合键前进一步，按【Alt+Ctrl+Z】组合键后退一步。

执行【文件】→【恢复】命令，可以直接将文件恢复到最后一次保存时的状态。

方法二：使用【历史记录】面板。

在编辑图像时，它的每一步操作都会记录在【历史记录】面板中；通过该面板可以将图像恢复到操作过程中的某一步状态，也可以再次回到当前的操作状态，或者将处理结果创建为快照或是新的文件。

使用【历史记录】面板还原图像的方法很简单，对图像进行操作的每一个步骤都会在【历史记录】面板中，要想回到某一个步骤，单击其步骤即可。【历史记录】面板中默认只能保存20步操作，可以在【首选项】对话框的【性能】面板中设置更多的保存步骤，如图1-39所示。

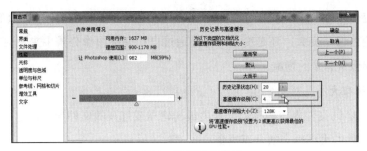

图 1-39　设置保存步骤

1.3.6　修改图像大小

在 Photoshop CS6 中，用户可以对已打开或新建的文件重新设定需要的图像或画布大小。

1．调整图像大小

图像尺寸越大，图像文件所占空间也越大，通过设置图像尺寸可以减小文件大小。图像尺寸调整后不能大于原来大小，否则图像会模糊。调整图像尺寸包括：改变图像的像素、高度、宽度和分辨率。

打开需要调整的图像文件，执行【图像】→【图像大小】命令，弹出【图像大小】对话框，如图 1-40 所示。在【像素大小】栏的【宽度】和【高度】后的文本框内输入需要设定的数值后，单击【确定】按钮即可。

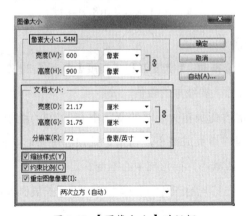

图 1-40　【图像大小】对话框

对话框中常用参数含义如下。

- 像素大小：此栏中可以设置当前文件的【宽度】和【高度】像素值。
- 文档大小：此栏中可以设置当前文件的尺寸和分辨率。
- 缩放样式：在调整图像大小时，按比例缩放效果。
- 约束比例：勾选此复选框时，在单独改变图像的宽度或高度中的某一项时，另一项会按比例自动进行缩放。

- 重定图像像素：如果不勾选此复选框，【文档大小】栏中的3个选项都会被锁定，无论图像是变大，还是变小，都是通过自动调整图像分辨率来适应变化，不会引起像素总量的增减。

2. 修改画布大小

画布是指容纳文件内容的窗口，是由最初建立或打开的文件像素决定的。改变画布大小后，其文件的大小也会随之而改变。

执行【图像】→【画布大小】命令，在打开的【画布大小】对话框中可以修改画布的大小，如图1-41所示。在【新建大小】栏的【宽度】和【高度】项后面的文本框中输入需要设定的数值，设置好后单击【确定】按钮即可。

图 1-41 【画布大小】对话框

对话框中常用参数含义如下。

- 相对：勾选此复选框时，【宽度】和【高度】项后面的文本框为空白，输入的数值表示在原来尺寸上要增加的数值。
- 定位：可以指定改变画布大小时的变化中心，当指定到中心位置时，画布就以自身为中心向四周增大或减小，当指定到顶部中心时，画布就从自身的顶部向下、左、右增大或减小，而顶部中心不变。
- 画布扩展颜色：在打开的下拉列表框中可以设置扩展画布时所使用的颜色。

温馨提示

执行【图像】→【图像旋转】命令，在打开的子菜单中选择相应的命令可以旋转和翻转画布。

课堂范例——修改照片尺寸

步骤01　按【Ctrl+O】组合键，打开本书配套下载资源中的"素材\第1章\美女.jpg"文件，如图1-42所示。在文件标题栏上右击，然后在弹出的快捷菜单中选择

【图像大小】命令，打开如图1-43所示的【图像大小】对话框。

图1-42　打开文件

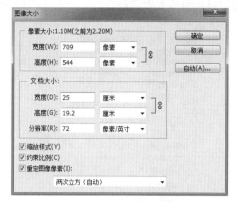

图1-43　【图像大小】对话框

步骤02　在对话框中设置新的图像大小，如图1-44所示，完成后单击【确定】按钮即可。

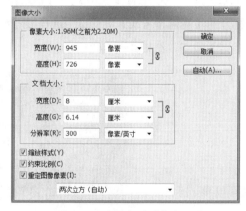

图1-44　设置新的图像大小

1.4 Photoshop CS6 工作环境的优化

本节将介绍辅助工具的使用、启用对齐功能及额外内容的显示和隐藏。

1.4.1　使用辅助工具

辅助工具可以用来精准地对齐对象，辅助工具包括标尺、参考线和网格。

1．标尺与参考线

执行【视图】→【标尺】命令，如图1-45所示，按【Ctrl+R】组合键也可以显示和隐藏标尺，如图1-46所示。将光标放到标尺上可拖出参考线，将光标放在水平标尺上，单击并向下拖动鼠标可以拖出水平参考线；将光标放在垂直标尺上，单击并向右拖动鼠标可以拖出垂直参考线。

图1-45　执行命令

图1-46　显示标尺

此外，还可以精确地设置参考线。执行【视图】→【新建参考线】命令，打开【新建参考线】对话框；在打开的【新建参考线】对话框中选择参考线方向，输入它的位置，如图1-47所示，单击【确定】按钮，结果如图1-48所示。

图1-48　添加参考线

图1-47　【新建参考线】对话框

2. 网格

执行【视图】→【显示】→【网格】命令，如图1-49所示，或按【Ctrl+'】组合键，可以显示或隐藏网格，如图1-50所示。在默认情况下，网格不会被打印出来。

3. 标尺工具

【标尺工具】 可以精确测量图像中两点之间的长度、宽度和角度等信息，单击工具箱中的【标尺工具】 ，在图像中单击确定测量起点，拖动光标到测量终点，如图1-51所示。在其对应的选项栏中将显示所测量的宽度、高度等信息，如图1-52所示。也可以执行【窗口】→【信息】命令，打开【信息】面板查看。

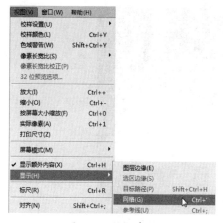

图 1-49 执行命令

图 1-50 显示网格

图 1-51 标尺测量

图 1-52 【信息】面板

标尺工具还可以将倾斜的图片拉直，下面介绍其操作方法。

选择工具箱中的【标尺工具】 ，沿倾斜的地面拖动，如图 1-53 所示。单击选项栏中的【拉直图层】按钮，可以将倾斜的图片拉直，如图 1-54 所示。

图 1-53 沿倾斜的地面拖动

图 1-54 将倾斜的图片拉直

选择工具箱中的【裁剪工具】 ，拖动裁剪图像，并按【Enter】键确定，效果如图 1-55 所示。

图 1-55　裁剪图像

1.4.2　启用对齐功能

执行【视图】→【对齐到】命令，如图 1-56 所示，可以将对象对齐到参考线、图层等。

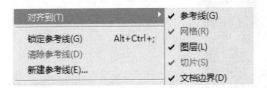

图 1-56　执行命令

1.4.3　显示或隐藏额外内容

图 1-57 中的图像既有网格又有参考线，执行【视图】→【显示额外内容】命令，可以隐藏参考线、网格等额外内容，如图 1-58 所示。若要再显示额外内容，执行相同命令即可。

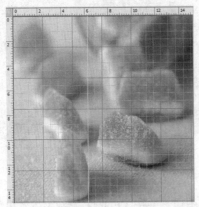

图 1-57　执行【视图】→【显示额外内容】命令

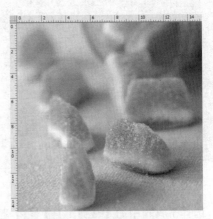

图 1-58　隐藏额外内容

课堂范例——对齐图像中的元素

步骤01　按【Ctrl+O】组合键，打开本书配套下载资源中的"素材文件\第1章\圆.psd"文件，如图1-59所示。按住【Ctrl】键的同时单击3个圆所在的图层，将它们同时选中，如图1-60所示。

图1-59　打开素材　　　　　　　　图1-60　选中3个图层

步骤02　选择工具箱中的【移动工具】，单击【移动工具】选项栏中的【顶对齐】按钮，如图1-61所示，此时圆顶部对齐，如图1-62所示。

图1-61　【移动工具】选项栏　　　　　图1-62　圆顶部对齐

课堂问答

在学习了本章有关 Photoshop CS6 的基础知识后，还有哪些需要掌握的难点知识呢？下面将为读者讲解本章的疑难问题。

问题❶：如何切换 Photoshop 中的视图模式？

答：单击工具箱下方的【更改屏幕模式】按钮，会弹出3种屏幕模式，如图1-63所示。按【F】键可以快速切换视图模式。

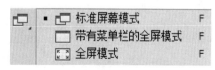

图1-63　屏幕模式

问题❷：当打开多个图像文件时，如何排列？

答：执行【窗口】→【排列】命令，在打开的菜单中可以选择对应的排列方式，如图1-64所示。

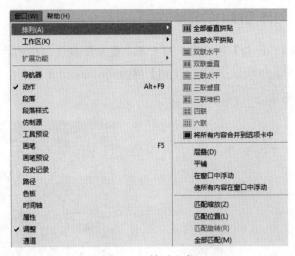

图1-64　排列方式

问题 ❸: 哪些文件格式可以存储图层?

答: 在Photoshop中, PSD和TIFF格式都可以存储图层。PSD格式支持图层、通道、蒙版和不同色彩模式的各种图像特征, 是一种非压缩的原始文件保存格式。TIFF格式支持具有Alpha通道的CMYK、RGB、Lab、索引颜色和灰度图像, 并支持无Alpha通道的位图模式图像。Photoshop可以在TIFF文件中存储图层, 但是, 如果在另一个应用程序中打开该文件, 则只有拼合图像是可见的。

上机实战——旋转图像

为了让读者巩固本章知识点, 下面讲解一个技能综合案例。

图像旋转效果的展示如图1-65所示。

效果展示

图1-65　图像旋转效果的展示

本例介绍旋转图像的方法，执行【图像】→【图像旋转】命令即可旋转图像，可以水平或垂直旋转90°，也可以旋转任意角度。

制作步骤

步骤01　按【Ctrl+O】组合键，打开本书配套下载资源中的"素材文件\第1章\小女孩.jpg"文件，如图1-66所示。执行【图像】→【图像旋转】→【90度(顺时针)】命令，如图1-67所示。

图1-66　打开素材

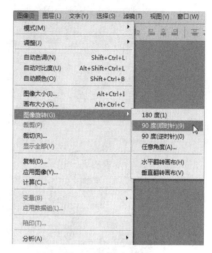

图1-67　执行命令

步骤02　旋转后的图像如图1-68所示。

图1-68　旋转后的图像

同步训练——恢复默认操作界面

为了增强读者的动手能力，下面安排一个同步训练案例，让读者达到举一反三，触类旁通的学习效果。

恢复默认操作界面的图解流程如图1-69所示。

图解流程

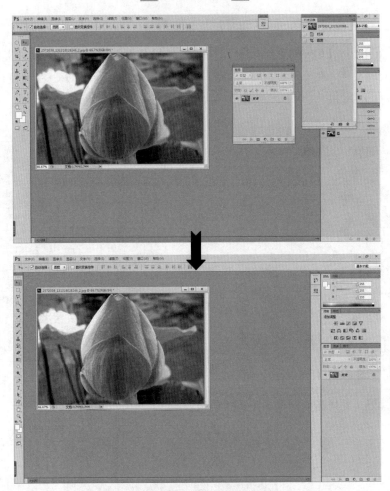

图1-69 恢复默认操作界面的图解流程

思路分析

在软件使用过程中，经常会拖动浮动面板，让界面变得杂乱，执行【窗口】→【工作区】→【复位基本功能】命令，可以恢复默认操作界面。

关键步骤

步骤01 下面来调整图1-70所示的杂乱的浮动面板，执行【窗口】→【工作区】→【复位基本功能】命令，如图1-71所示。

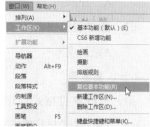

图 1-70　杂乱的浮动面板　　　　　　　　图 1-71　执行命令

步骤 02　此时浮动面板回到默认的位置，界面如图 1-72 所示。

图 1-72　默认浮动面板

知识与能力测试

本章介绍了 Photoshop CS6 的基础知识和基本操作，为对知识进行巩固和考核，布置相应的练习题。

一、填空题

1．Adobe 公司于_____年推出了 Photoshop 这一图形图像处理软件。

2．Photoshop CS6 在图像处理方面应用得非常广泛，如_____、_____、_____、_____、游戏与多媒体界面及网页设计等。

3．执行_____命令可以建立一个空白图像文件。

二、选择题

1．（　　）不是组成 Photoshop 界面环境的组件。

    A．新建文档   B．选项栏   C．控制面板   D．工具箱

2．（　　）文件格式是 Photoshop 软件生成的格式，是唯一能支持全部图像色彩模式的格式。

    A．JPEG   B．PSD   C．TIFF   D．BMP

3．通过调整图像尺寸可以改变图像的（　　）等。

    A．高度   B．分辨率   C．宽度   D．画布大小

三、简答题

1．TIFF 文件格式与 JPEG 文件格式有什么不同？

2．PSD 格式与其他格式最大的区别是什么？

CS6
PHOTOSHOP

第2章
选区的基础与运用

　　本章详细地介绍了选区的操作，包括如何建立选区、编辑选区及怎样编辑选区中的图像。通过本章的学习，希望读者能够掌握更多的图像选区创建与编辑方法。

学习目标

- 熟练掌握创建选区的方法
- 熟练掌握选区的基本操作
- 熟练掌握调整选区的方法
- 熟练掌握应用选区的方法

2.1 创建选区

在Photoshop中经常需要使用选区对部分图像进行编辑。建立选区的工具有选框工具、套索工具、魔棒工具等。

2.1.1 选框工具组

选框工具可以创建矩形、椭圆、单行单列等规则的选区，下面将分别介绍其创建方法。

1. 矩形选框工具

矩形选框工具是选区工具中最常用的工具之一，矩形选框工具可创建长方形和正方形选区。选择工具箱中的【矩形选框工具】，在图像中单击确定创建选区起点。在图像中单击并向右下角拖动鼠标创建矩形选区，如图2-1所示。

> 温馨提示
>
> 按住【Shift】键的同时按住鼠标左键不放拖曳，可创建一个正方形选区。按住【Alt】键，可创建以鼠标起始点为中心的选区。

图2-1 创建矩形选区

【矩形选框工具】选项栏如图2-2所示，选项栏中常用参数含义如下。

图2-2 【矩形选框工具】选项栏

- 羽化：该选项可使选定范围内的图像边缘达到朦胧的效果。羽化值越大，朦胧范围越宽；而羽化值越小，朦胧范围就越窄。
- 样式：用于设置选区的创建方法。选择【正常】，可以通过拖动鼠标创建任意大小的选区；选择【固定比例】，可在右侧输入【宽度】和【高度】，创建固定比例的选区；选择【固定大小】，可在【宽度】和【高度】中输入选区的宽度与高度值，使用矩形选框工具时，只需要在画面中单击便可以创建固定大小的选区。单击 按钮，可以切换【高度】与【宽度】值。

- 调整边缘：单击该按钮，可以打开【调整边缘】对话框，对选区进行平滑、羽化等处理。

2. 椭圆选框工具

选择工具箱中的【椭圆选框工具】，通过拖曳鼠标创建椭圆形或正圆形的选区，如图2-3所示。

图2-3　创建正圆形选区

3. 单行单列选框工具

单行选框工具创建高度为1像素的选区，如图2-4所示；单列选框工具创建宽度为1像素的选区，如图2-5所示。如果选区的羽化值大于或等于0.5个像素，Photoshop就会弹出警示框，提示创建的选区将不可见。

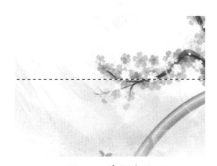

图2-4　单行选区

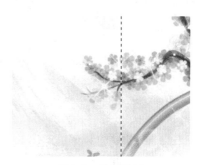

图2-5　单列选区

2.1.2　套索工具组

套索工具组中的工具可以创建任意不规则的选区，下面将分别介绍其创建方法。

1. 套索工具

套索工具用于创建不规则的选区，使用套索工具创建选区时，只有线条需要闭合时才能松开左键，否则线条首尾会自动闭合。下面介绍具体的操作步骤。

步骤01　选择工具箱中的【套索工具】，然后在需要选择的图像边缘处单击鼠标并拖动，如图2-6所示。

步骤02 在起点和终点相连接的位置释放鼠标左键，即可创建闭合的选区，如图2-7所示。

图2-6 单击鼠标并拖动

图2-7 创建闭合的选区

2. 多边形套索工具

多边形套索工具用于选取边缘形状相对规则的多边形区域。使用多边形套索工具创建选区的具体操作步骤如下。

步骤01 选择工具箱中的【多边形套索工具】，单击鼠标左键确定起点，移动到所需的地方再单击一次鼠标左键确定第二个点，如图2-8所示。

步骤02 使用相同的方法创建其他的锚点，当和起点重合时，鼠标指针上会出现符号，此时单击鼠标左键，即可创建封闭的多边形选区，如图2-9所示。

图2-8 单击鼠标左键

图2-9 封闭的多边形选区

3. 磁性套索工具

磁性套索工具适用于选取复杂的不规则图像，以及边缘与背景对比强烈的图形。在使用磁性套索工具创建选区时，套索路径自动吸附在图像边缘上。使用磁性套索工具的具体操作步骤如下。

步骤01 选择工具箱中的【磁性套索工具】，在要创建选区的图像边缘上单击鼠标左键。释放鼠标左键，直接沿着图像边缘拖动鼠标，如图2-10所示。

步骤02 当和起始点重合时，鼠标指针上会出现 ✄ 符号，单击鼠标左键即可自动形成封闭的选区，如图2-11所示。

图2-10 拖动鼠标

图2-11 自动形成封闭的选区

如果选区没有与所需的边缘对齐，则单击一次鼠标可以手动添加一个紧固点。继续跟踪边缘，并根据需要添加紧固点。按【Delete】键可以逐个删除锚点，按【Esc】键可以删除全部已绘制的锚点。

【磁性套索工具】选项栏如图2-12所示，选项栏中常见参数含义如下。

图2-12 【磁性套索工具】选项栏

- 宽度：决定了以鼠标指针中心为基准，其周围有多少个像素能够被工具检测到，如果对象的边界不是特别清晰，则需要使用较小的宽度值。
- 对比度：用于设置工具感应图像边缘的灵敏度。如果图像的边缘对比清晰，可将该值设置得高一些；如果边缘不是特别清晰，则设置得低一些。
- 频率：用于设置创建选区时生成的锚点的数量。该值越高，生成的锚点越多，捕捉到的边界越准确，但是过多的锚点会造成选区的边缘不够光滑。
- 钢笔压力：如果计算机配置有数位板和压感笔，可以单击该按钮，Photoshop会根据压感笔的压力自动调整工具的检测范围。

2.1.3 选择工具

1. 魔棒工具

魔棒工具用于在颜色相近的图像区域创建选区，只需单击鼠标即可对颜色相同或相近的图像进行选择。选择工具箱中的【魔棒工具】 ，在要选择的区域处单击，如图2-13所示。

图 2-13　单击鼠标

【魔棒工具】选项栏如图 2-14 所示，选项栏中常用参数含义如下。

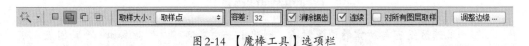

图 2-14　【魔棒工具】选项栏

- 取样大小：用于设置魔棒工具的取样范围。选择【取样点】可对光标所在位置的像素进行取样；如选择【3×3平均】，可对鼠标指针所在位置3个像素区域内的平均颜色进行取样，其他选项依次类推。
- 容差：控制创建选区范围的大小。输入的数值越小，要求的颜色越相近，选取范围就越小；相反，则颜色相差越大，选取范围就越大。
- 消除锯齿：模糊羽化边缘像素，使其与背景像素产生颜色的逐渐过渡，从而去掉边缘明显的锯齿状。
- 连续：选中该复选框时，只选取与鼠标单击处相连接区域中相近的颜色；如果不选择该复选框，则选取整个图像中相近的颜色。
- 对所有图层取样：用于有多个图层的文件，勾选该复选框时，选取文件中所有图层中相同或相近颜色的区域；不勾选时，只选取当前图层中相同或相近颜色的区域。

2. 快速选择工具

快速选择工具是一款智能选取工具，其选择范围比魔棒工具更加直观和准确。该工具图标由一支画笔与选区轮廓组成，能够利用可调整的圆形画笔笔尖快速绘制选区，可以像绘图一样涂抹出选区，在拖曳鼠标时，选区还会向外扩展并自动查找和跟随图像中定义的边缘。

选择工具箱中的【快速选择工具】，在图像中要创建选区的区域拖动鼠标，释放鼠标后，鼠标经过区域的相近颜色像素转换为选择区域，如图 2-15 所示。

【快速选择工具】选项栏如图2-16所示，选项栏中常用参数含义如下。

图2-15　拖动鼠标

图2-16　【快速选择工具】选项栏

- 选区运算按钮：单击【新选区】按钮，可创建一个新的选区；单击【添加到选区】按钮，可在原选区的基础上添加绘制的选区；单击【从选区减去】按钮，可在原选区的基础上减去当前绘制的选区。
- 笔尖下拉面板：单击按钮，可在打开的下拉面板中选择笔尖，设置大小、硬度和间距。
- 对所有图层取样：可基于所有图层创建选区。
- 自动增强：可减少选区边界的粗糙度和块效应。【自动增强】会自动将选区向图像边缘进一步流动并应用一些边缘调整，也可以在【调整边缘】对话框中手动应用这些边缘调整。

课堂范例——抠取颜色单一的图像

步骤01　按【Ctrl+O】组合键，打开本书配套下载资源中的"素材文件\第2章\小女孩.jpg""素材文件\第2章\背景.jpg"文件，如图2-17所示。

图2-17　打开素材

步骤02　选择工具箱中的【魔棒工具】，在选项栏中设置容差为20，选中【连续】复选框，如图2-18所示，在白色背景处单击，得到如图2-19所示的选区。

图2-18 【魔棒工具】选项栏　　　　　　　　图2-19 在白色背景处单击

步骤03 按【Ctrl+Shift+I】组合键，反选选区，如图2-20所示。选择工具箱中的
【移动工具】 ▶♣，将选区内的女孩拖到"背景"文件中，如图2-21所示。

图2-20 反选选区

图2-21 最终效果

2.2 选区的基本操作

选区的基本操作包括全部选择和取消选区、隐藏和显示选区、移动和反选选区。

2.2.1 全部选择和取消选区

执行【选择】→【全部】命令或按【Ctrl+A】组合键，可以选择当前文档边界内的
全部图像。

创建选区后，当不需要选择区域时，可以执行【选择】→【取消选择】命令，或按
【Ctrl+D】组合键。执行【选择】→【重新选择】命令或按【Shift+Ctrl+D】组合键即可
重新选择被取消的选择区域。

2.2.2 隐藏和显示选区

创建选区后，执行【视图】→【显示】→【选区边缘】命令或按【Ctrl+H】组合键

可以隐藏选区，再次执行此命令，可以再次显示选区。选区虽然被隐藏，但是它仍然存在，对图像所做的操作，都将在选区范围内进行。

2.2.3 移动和反选选区

移动选区有多种方法，下面具体介绍。

方法一：使用矩形工具、椭圆选框工具创建选区时，在释放鼠标按键前，按住空格键拖动鼠标，即可移动选区。

创建如图2-22所示的选区，在释放鼠标按键前，按住空格键拖动鼠标，移动选区，如图2-23所示。

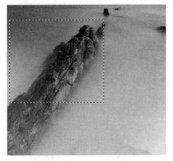 

图2-22　创建选区　　　　图2-23　移动选区

方法二：创建了选区后，使用选区工具时，单击选项栏中的【新选区】按钮▢，则使用选框、套索和魔棒工具时，只要将光标放在选区内，单击并拖动鼠标便可以移动选区。

方法三：可以按键盘上的【↑】【↓】【→】【←】键来轻微移动选区。

创建选区后，执行【选择】→【反向】命令，或按【Shift+Ctrl+I】组合键可选中图像中相反的部分。

📖 课堂范例——制作 T 恤中的图案

步骤01　按【Ctrl+O】组合键，打开本书配套下载资源中的"素材文件\第2章\T恤.jpg""素材文件\第2章\图案.jpg"文件，如图2-24所示。

图2-24　打开素材

步骤02　选择工具箱中的【矩形选框工具】，绘制矩形选框，如图2-25所示；单击选项栏中的【新选区】按钮□，如图2-26所示。

图2-25　绘制矩形选框

图2-26　单击选项栏中的【新选区】按钮

步骤03　将光标放到选区内，移动选区的位置，如图2-27所示。选择工具箱中的【移动工具】，将选区内的图像拖到"T恤"文件中，如图2-28所示。

图2-27　移动选区的位置

图2-28　最终效果

2.3　选区的调整

选区的调整包括扩大选区、扩展与收缩选区、边界与平滑选区、羽化选区、存储与载入选区等。

2.3.1　扩大选取

【扩大选取】命令会查找并选择那些与当前选区中的像素色调相近的像素，从而扩大选择区域，命令只扩大到与原选区相连接的区域。其操作步骤如下。

步骤01 创建如图2-29所示的选区。执行【选择】→【扩大选取】命令，如图2-30所示。

步骤02 单击【确定】按钮，选区被扩大，如图2-31所示。

图2-29 创建选区   图2-30 执行命令   图2-31 扩大选取

2.3.2 选取相似

【选取相似】命令同样会查找并选择那些与当前选区中的像素色调相近的像素。该命令可以查找整个文档，包括与原选区没有相邻的像素。其操作步骤如下。

步骤01 选择工具箱中的【魔棒工具】，在头发处单击创建选区，如图2-32所示。

步骤02 执行【选择】→【选取相似】命令，相似色彩被选中，如图2-33所示。

图2-32 创建选区   图2-33 相似色彩被选中

2.3.3 扩展与收缩选区

【扩展】命令可以对选区进行扩展，其操作步骤如下。

步骤01 选择工具箱中的【套索工具】 ，创建选区，如图2-34所示。

步骤02 执行【选择】→【修改】→【扩展】命令，在打开的【扩展选区】对话框中设置数值，如图2-35所示。

步骤03 单击【确定】按钮，选区被扩展，如图2-36所示。

图2-34 创建选区　　　图2-35 【扩展选区】对话框　　　图2-36 扩展选区

【收缩】命令可以使选区缩小，其操作步骤如下。

步骤01 选择工具箱中的【套索工具】 ，创建选区，如图2-37所示。

步骤02 执行【选择】→【修改】→【收缩】命令，在打开的【收缩选区】对话框中设置数值，如图2-38所示。

步骤03 单击【确定】按钮，选区被收缩，如图2-39所示。

图2-37 创建选区　　　图2-38 【收缩选区】对话框　　　图2-39 收缩选区

2.3.4 边界与平滑选区

【边界】命令可以将选区的边界向内部和外部扩展，扩展后的边界与原来的边界形成新的选区。其操作步骤如下。

步骤01 选择工具箱中的【矩形选框工具】 ，创建选区，如图2-40所示。

步骤02　执行【选择】→【修改】→【边界】命令，在打开的【边界选取】对话框中设置数值，如图2-41所示。

步骤03　单击【确定】按钮，得到如图2-42所示的选区。

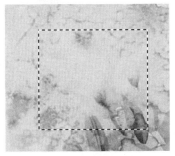

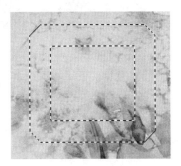

　　图2-40　创建选区　　　　图2-41　【边界选取】对话框　　　　图2-42　边界效果

在使用魔棒工具或【色彩范围】命令选择对象时，选区边缘往往较为生硬，而【平滑】命令可对选区的边缘进行平滑，使选区边缘变得更柔和。其操作步骤如下。

步骤01　选择工具箱中的【魔棒工具】，在花朵处单击创建选区，如图2-43所示。

步骤02　执行【选择】→【修改】→【平滑】命令，在打开的【平滑选区】对话框中设置数值，如图2-44所示。

步骤03　单击【确定】按钮，选区变平滑，如图2-45所示。

　　图2-43　创建选区　　　　图2-44　【平滑选区】对话框　　　　图2-45　选区变平滑

2.3.5　羽化选区

【羽化】命令用于对选区进行羽化。羽化是通过建立选区和选区周围像素之间的转换边界来模糊边缘的，这种模糊方式将丢失选区边缘的一些图像细节。下面对比一下对椭圆进行羽化前和羽化后的不同效果。

选择工具箱中的【椭圆选框工具】，创建选区，如图2-46所示。设置前景色为白色，填充前景色，如图2-47所示。

图 2-46　创建选区　　　　　　　　　　　　　　　　图 2-47　填色

下面对椭圆羽化后填充，具体操作方法如下。

步骤 01　选择工具箱中的【椭圆选框工具】○，创建选区，如图 2-48 所示。

步骤 02　执行【选择】→【修改】→【羽化】命令，在打开的【羽化选区】对话框中设置数值，如图 2-49 所示。

步骤 03　单击【确定】按钮，选区被羽化，填充前景色后的效果如图 2-50 所示。

图 2-48　创建选区　　　　　图 2-49　【羽化选区】对话框　　　　　图 2-50　填色

2.3.6　选区的存储与载入

在图像处理过程中，有时需要重复使用选区来编辑图像。所以需要将创建的选区储存起来，当需要再次使用时，将存储的选区载入即可。

1. 存储选区

步骤 01　创建好需要存储的选区，如图 2-51 所示。

步骤 02　执行【选择】→【存储选区】命令，打开【存储选区】对话框，如图 2-52 所示。单击【确定】按钮即可存储选区，在【通道】面板中可以查看，如图 2-53 所示。

图 2-51　创建选区

图2-52 【存储选区】对话框

图2-53 【通道】面板

2. 载入选区

当选区被存储后，就可使用【载入选区】命令将已存储的选区载入到指定的文件中。

打开【通道】面板，按住【Ctrl】键，单击要载入的选区所在的通道，如图2-54所示。此时选区被载入，如图2-55所示。

图2-54 【通道】面板

图2-55 载入选区

📖 课堂范例——制作照片遮罩效果

步骤01 按【Ctrl+O】组合键，打开本书配套下载资源中的"素材文件\第2章\纱.jpg"文件，如图2-56所示。选择工具箱中的【椭圆选框工具】◯，绘制一个椭圆选区，如图2-57所示。

图2-56 打开素材

图2-57 绘制一个椭圆选区

步骤02　执行【选择】→【修改】→【羽化】命令，打开【羽化选区】对话框，
设置参数如图2-58所示，然后单击【确定】按钮。按【Ctrl+Shift+I】组合键，反选选区，
如图2-59所示。

图2-58　【羽化选区】对话框　　　　　　　　图2-59　反选选区

步骤03　设置前景色为白色，按【Alt+Delete】组合键填充前景色。按【Ctrl+D】
组合键，取消选区，最终效果如图2-60所示。

图2-60　最终效果

2.4　变换选区和变换图像

选区变换常用于选择特殊形状的区域，可以对选区进行缩放、旋转、斜切、透
视、变形等操作。下面以缩小选区为例介绍变换选区的方法。

步骤01　选择工具箱中的【磁性套索工具】，沿奶油绘制选区。执行【选择】
→【变换选区】命令，显示变换定界框，如图2-61所示。在定界框中右击，在弹出的快
捷菜单中选择【缩放】命令，如图2-62所示。

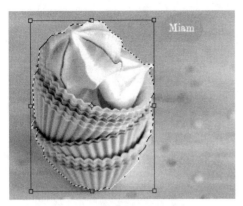

图2-61　显示变换定界框

图2-62　选择【缩放】命令

步骤02　缩小选区，如图2-63所示；按【Enter】键确认缩放，如图2-64所示。

图2-63　缩小选区

图2-64　确认缩放

图像同样可以进行缩放、旋转、斜切、透视、变形等操作，但方法与选区的变换不同。

执行【编辑】→【自由变换】命令，显示变换定界框，在定界框中右击，在弹出的快捷菜单中可以选择相应命令，如图2-65所示；如图2-66所示为各种变换的效果。

图2-65　右击

图 2-66　图像变换的多种方法

📚 课堂范例——制作图框中的图片

步骤01　按【Ctrl+O】组合键，打开本书配套下载资源中的"素材文件\第2章\商场.jpg""素材文件\第2章\美女.jpg"文件，如图2-67所示。

图2-67　打开素材

步骤02　选择工具箱中的【移动工具】 ▸╋ ，将"美女"素材拖到"商场"文件中，按【Ctrl+T】组合键显示变换定界框，在"美女"素材上单击鼠标右键，在弹出的快捷菜单中选择【扭曲】命令，如图2-68所示。 将素材的4个角分别拖动到白色图框4个角上，如图2-69所示。

图2-68　选择【扭曲】命令　　　　　　　图2-69　扭曲

步骤03　完成后按【Enter】键确认，得到本例最终效果，如图2-70所示。

图2-70　最终效果

👤 课堂问答

在学习了本章有关选区的认识和操作后，还有哪些需要掌握的难点知识呢？下面将为读者讲解本章的疑难问题。

问题 ❶：为何有时候选区羽化以后就看不见了？

答：在Photoshop中，位图由像素组成，羽化选区时若像素值设置得过大，超过图像边界，选区就会看不到。

问题 ❷：怎样添加不同形状的选区？

答：在矩形选框工具组、套索工具组的选项栏中有一组选区布尔运算按钮，如图2-71所示，可以对选区进行相加、相减、相交等操作。

图 2-71   布尔运算按钮

问题 ❸：变换选区和变换图像分别如何操作？

答：变换选区是对创建的选区进行变换，变换图像主要对选区内的图像进行变换操作，两者针对的目标对象完全不同，所以，变换选区和变换图像虽然操作方法相似，操作结果却是完全不一样的。执行【选择】→【变换选区】命令，可变换选区。执行【编辑】→【自由变换】命令，可变换图像。

🖼 上机实战——改变图片中文字的颜色

为了让读者巩固本章知识点，下面讲解一个技能综合案例。

改变图片中文字颜色的效果展示如图2-72所示。

效果展示

图 2-72   改变图片中文字颜色的效果展示

思路分析

本例介绍改变图片中文字颜色的方法，此方法适用于单一的背景，选择工具箱中的魔棒工具选中文字，填充为新的颜色即可。

制作步骤

步骤01   按【Ctrl+O】组合键，打开本书配套下载资源中的"素材文件\第2章

\文字图片.jpg"文件，如图2-73所示。

步骤02　选择工具箱中的【魔棒工具】🖌，在选项栏中设置容差为32，如图2-74所示；在文字上单击，得到如图2-75所示的选区。

步骤03　设置前景色为白色，按【Alt+Delete】组合键填充前景色，如图2-76所示。按【Ctrl+D】组合键，取消选区，最终效果如图2-77所示。

图2-73　打开素材

图2-74　选项栏

图2-75　在文字上单击

图2-76　填充前景色

图2-77　最终效果

🌐 同步训练——替换图片的背景颜色

为了增强读者的动手能力，下面安排一个同步训练案例，让读者达到举一反三，触类旁通的学习效果。

替换图片背景颜色的图解流程如图2-78所示。

图解流程

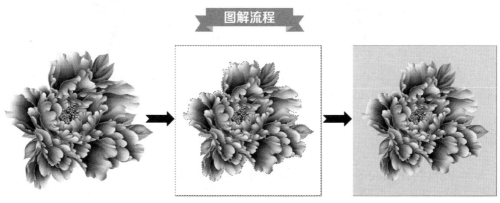

图2-78　替换图片背景颜色的图解流程

本例介绍替换图片的背景颜色的方法，此方法适用于单一的背景，选择工具箱中的魔棒工具选中背景，填充为新的颜色即可。

步骤01　按【Ctrl+O】组合键，打开本书配套下载资源中的"素材文件\第2章\花.jpg"文件，如图2-79所示。选择工具箱中的【魔棒工具】，在背景上单击，将其选中，如图2-80所示。

图2-79　打开素材

图2-80　在背景上单击

步骤02　设置前景色为浅绿色，按【Alt+Delete】组合键填充前景色，如图2-81所示。按【Ctrl+D】组合键，取消选区，最终效果如图2-82所示。

图2-81　填充前景色

图2-82　最终效果

知识与能力测试

本章介绍了Photoshop选区的认识和操作，为对知识进行巩固和考核，布置相应的练习题。

一、填空题

1. _____工具用于选择图像中颜色相似的不规则区域。

2. 执行_____命令可以将已创建的选区羽化。

二、选择题

1. 矩形或椭圆选框工具用于创建外形为矩形或椭圆（   ）的选区。

    A．单一   B．不规则   C．规则   D．羽化

2. （   ）可以在选区和背景之间建立一条模糊的过渡边缘，使选区产生"晕开"的效果。

    A．相交选区   B．色彩范围   C．羽化   D．复制选区

3. 选取需要的图像，执行【编辑】→【复制】命令或按（   ）组合键，可将选区中的图像复制到剪贴板中，而原来的图像不发生任何变化。

    A．【Ctrl+C】   B．【Ctrl+V】   C．【Shift+C】   D．【Shift+V】

三、简答题

1. 在什么情况下需要选中【魔棒工具】选项栏中的【连续】复选框？

2. 羽化选区有两种方法，简述其操作方法。

CS6
PHOTOSHOP

第3章
图层的基础与运用

　　图层是Photoshop CS6中最重要的功能之一，本章将详细介绍图层控制面板、图层基本操作、图层混合模式及图层样式的操作方法和技巧。

学习目标

- 熟练掌握编辑图层的方法
- 熟练掌握管理图层的方法
- 熟练掌握图层混合模式的使用
- 熟练掌握图层样式的使用

3.1 认识图层

使用Photoshop进行图像处理时几乎都会使用到图层功能，本节将介绍图层的基础知识和类型。

3.1.1 图层的简介

　　Photoshop的图层就像是在很多透明的纸上绘制图画重叠在一起，在操作时可以对任意一层透明纸上的图画进行处理，并不影响其他透明纸上的图画，这是在计算机图形软件中画图与在纸上画图的最大区别。图层可把图像各部分放在不同的层上，在进行编辑时，不会相互干扰影响。不同图层中的图像，都是相对独立的对象，各图层中的图像可单独移动，并有上下层之分，当上层图像遮住下层图像时，下层图像被遮蔽部分便不可见。

　　【图层】面板是进行图层编辑操作时必不可少的工具，默认的位置在软件的右方。若【图层】面板被关闭，执行【窗口】→【图层】命令或按【F7】键，将在工作区中显示【图层】面板。【图层】面板如图3-1所示，下面介绍面板中的各项功能。

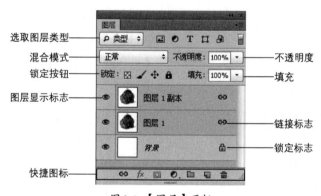

图3-1　【图层】面板

【图层】面板中常用参数含义如下。

- 选取图层类型：当图层数量较多时，可在【类型】下拉列表中选择一种图层类型（包括名称、效果、模式、属性、颜色），此时【图层】面板只显示此类图层，隐藏其他类型的图层。
- 混合模式：用来设置当前图层的混合模式，使之与下面的图像产生混合。
- 锁定按钮：用来锁定当前图层的属性，使其不可编辑，包括图像像素、透明像素和位置。
- 图层显示标志：显示该标志的图层为可见图层，单击它可以隐藏图层。隐藏的图层不能编辑。

- 快捷图标：图层操作常用快捷按钮，包括链接图层、图层样式、新建图层、删除图层等按钮。
- 不透明度：设置当前图层的不透明度，使之呈现透明状态，从而显示出下面图层中的内容。
- 填充：设置当前图层的填充不透明度，它与图层的不透明度类似，但只影响图层中绘制的像素和形状的不透明度，不会影响图层样式的不透明度。
- 链接标志：用来链接当前选择的多个图层。
- 锁定标志：显示该图标时，表示图层处于锁定状态。

3.1.2 图层的类型

1.填充图层

填充图层是指图层中的填充纯色、渐变和图案而创建的特殊图层，我们可以设置不同的混合模式和不透明度，从而修改其他图像的颜色或者生成各种图像效果。在【图层】面板中创建填充图层，属于保护性色彩填充，并不会改变图像自身的颜色。

（1）纯色填充图层

纯色填充图层可以为图像添加纯色效果，创建纯色填充图层的具体步骤如下。

在【图层】面板中单击【创建新的填充或调整图层】按钮，在弹出的快捷菜单中选择【纯色】命令，如图3-2所示。在弹出的【拾色器（纯色）】对话框中选择颜色，如图3-3所示。

图3-2　选择【纯色】命令

图3-3　【拾色器（纯色）】对话框

此时【图层】面板中自动生成新的填充图层，图像变为新的填充色，如图3-4所示。在【图层缩览图】图标上双击，如图3-5所示。

图3-4 图像变为新的填充色

图3-5 在【图层缩览图】图标上双击

此时会再次打开【拾色器（纯色）】对话框，选择新的颜色，如图3-6所示，单击【确定】按钮后即可修改颜色，如图3-7所示。

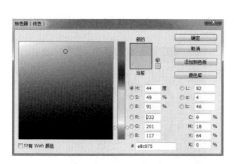

图3-6 【拾色器（纯色）】对话框

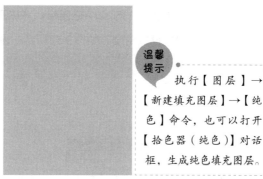

图3-7 修改颜色

温馨提示

执行【图层】→【新建填充图层】→【纯色】命令，也可以打开【拾色器（纯色）】对话框，生成纯色填充图层。

（2）渐变填充图层

渐变填充图层可以为图像添加渐变效果，创建渐变填充图层的具体步骤如下。

在【图层】面板中单击【创建新的填充或调整图层】按钮 ，在弹出的快捷菜单中选择【渐变】命令，如图3-8所示。打开【渐变填充】对话框，单击【渐变】后的三角按钮，选择颜色为彩虹色，也可以自定义设置颜色，如图3-9所示。

图3-8 选择【渐变】命令

图3-9 【渐变填充】对话框

单击【确定】按钮，填充的渐变色如图3-10所示。同样，在【图层】面板中生成新的图层，如图3-11所示。

图3-10 填充的渐变色

图3-11 【图层】面板

双击【图层】面板中的渐变缩略图标，可以再次打开【渐变填充】对话框，在对话框中单击【角度】图标设置角度，如图3-12所示；图3-13所示为设置角度为-45°时的效果。

图3-12 【渐变填充】对话框

图3-13 角度为-45°时的效果

在【渐变填充】对话框的【样式】下拉列表中可选择渐变样式，如【径向】，如图3-14所示；图3-15所示为样式为【径向】时的效果。

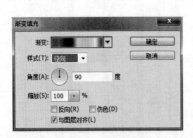

图3-14 【渐变填充】对话框

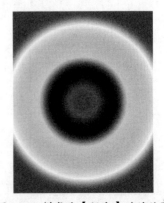

图3-15 样式为【径向】时的效果

（3）图案填充图层

在【图层】面板中单击【创建新的填充或调整图层】按钮 ，在弹出的快捷菜单中选择【图案】命令，如图3-16所示。在打开的【图案填充】对话框中选择所需的图案，如图3-17所示。

图3-16　选择【图案】命令　　　　　　　图3-17　【图案填充】对话框

完成设置后单击【确定】按钮，效果如图3-18所示；【图层】面板如图3-19所示。

图3-18　填充图案　　　　　　　　　图3-19　【图层】面板

2. 调整图层

调整图层是一种特殊的图层，它可以将颜色和色调调整应用于图像，但是不会改变原图像的像素，因此，不会对图像产生实质性的破坏。下面介绍使用调整图层的方法。

步骤01　按【Ctrl+O】组合键，打开本书配套下载资源中的"素材文件\第3章\船.jpg"文件，如图3-20所示。在【图层】面板中单击【创建新的填充或调整图层】按钮 ，在弹出的菜单中选择【曲线】命令，如图3-21所示。

步骤02　打开【属性】面板，通过拖动曲线调整图像亮度，如图3-22所示，向上拖动时图像被调亮，如图3-23所示。此时【图层】面板如图3-24所示。

图 3-20　打开素材

图 3-21　选择【曲线】命令

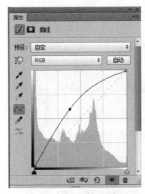

图 3-22　【属性】面板

图 3-23　调整图像亮度

图 3-24　【图层】面板

此外，用户也可以执行【图层】菜单→【新建调整图层】下拉菜单中的相应命令，来创建相关的调整图层。

图层的编辑

本节将介绍对图层进行新建、删除、选择、重命名、隐藏和显示、复制、链接、合并等操作。

3.2.1　新建和删除图层

新建的图层一般位于当前图层的最上方，用户可以通过多种方法创建图层，下面介绍常用的创建方法。

1．通过【图层】面板新建图层

单击【图层】面板底部的【创建新图层】按钮 ，如图 3-25 所示。【图层】面板中出现新建的图层，自动命名为【图层1】，如图 3-26 所示。默认名称为【图层1】【图层

2】……依次类推。按住【Ctrl】键的同时单击【创建新图层】按钮![ ],可在当前图层的下面新建一个图层。

图3-25　新建图层

图3-26　得到新图层

2. 通过菜单命令新建图层

执行【图层】→【新建】→【图层】命令或按【Ctrl+Shift+N】组合键，打开【新建图层】对话框，单击【确定】按钮即可完成新建图层的操作。

3. 通过面板菜单新建图层

步骤01　单击【图层】面板右上角的![ ]按钮，在弹出的图层菜单中选择【新建图层】命令，如图3-27所示。

步骤02　弹出【新建图层】对话框，单击【确定】按钮即可新建图层，如图3-28所示。

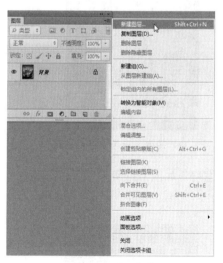

图3-27　图层菜单

图3-28　【新建图层】对话框

3.2.2 选择和重命名图层

为了方便对图层进行管理，需要对图层进行重新命名。在【图层】面板中双击图层名称，这时，图层名称就进入可编辑状态，如图3-29所示。然后修改名称即可，如

图3-30所示。

图3-29　可编辑状态

图3-30　重命名图层

3.2.3 隐藏和显示图层

在【图层】面板中可以隐藏图层，被隐藏的图层中的内容不会受到破坏，具体操作步骤如下。

步骤01　在【图层】面板中单击需要隐藏图层名称前面的【指示图层可见性】图标 ，则可以在图像文件中隐藏该图层中的图像，此时该【指示图层可见性】图标显示为图标 ，如图3-31所示。图像显示为下层的图像，如图3-32所示。

图3-31　单击 图标

图3-32　图像显示为下层的图像

步骤02　单击 图标，可以再次显示隐藏的图层，如图3-33所示。隐藏的图像再次显示，如图3-34所示。

图3-33　再次显示隐藏的图层

图3-34　隐藏的图像再次显示

若在单击某图层名称前面的【指示图层可见性】图标 时按住鼠标左键不放并纵向拖动，则可以快速隐藏多个连续图层。按住【Alt】键，单击图层名称前面的【指示图层可见性】图标 ，可以在图像文件中仅显示该图层中的图像；若再次按住【Alt】键并单击该图标，则重新显示刚才隐藏的所有图层。

3.2.4　复制图层

复制图层是把当前图层的所有内容进行复制，并生成一个新图层，系统自动命名为当前图层的副本，具体操作方法如下。

方法一：在【图层】面板中拖动需要进行复制的图层到面板底部的【创建新图层】按钮 处，如图3-35所示。释放鼠标后即可复制图层，如图3-36所示。或直接按【Ctrl+J】组合键快速复制图层。

图3-35　拖动复制图层

图3-36　复制图层

方法二：单击【图层】面板右上角的按钮，在弹出的菜单中选择【复制图层】命令，如图3-37所示。

方法三：在所需要复制的图层上右击鼠标，在弹出的快捷菜单中选择【复制图层】命令，如图3-38所示。打开如图3-39所示的【复制图层】对话框，单击【确定】按钮即可复制图层。

图3-37　选择【复制图层】命令

图3-38　选择【复制图层】命令

图3-39　【复制图层】对话框

3.2.5 链接图层

使用图层链接，可以同时移动和变换多个图层的图像，或者用于合并不相邻的图层。按住【Ctrl】键，在【图层】面板中选择需要链接的两个或两个以上图层，如图3-40所示。单击【图层】面板底部的【链接图层】按钮 ⊖，即可链接图层，如图3-41所示。

图3-40　选择图层

图3-41　单击【链接图层】按钮

将鼠标指针悬停在第三个圆上，如图3-42所示。移动第三个圆，第二个圆也会随之移动，如图3-43所示。链接图层后再次单击【链接图层】按钮 ⊖，即可取消图层间的链接关系。

图3-42　将鼠标指针放在第三个圆上

图3-43　移动第三个圆，第二个圆也随之移动

3.2.6 合并图层

图层的合并有向下合并、合并可见图层、拼合图像、盖印图层等多种方法，下面分别介绍。

1. 向下合并图层

应用【向下合并图层】命令可以将选中的图层与下面一个图层相合并，合并图层有多种方法。

方法一：在【图层】面板中选择需要向下合并的图层，如图3-44所示。按【Ctrl+E】组合键或执行【图层】→【向下合并】命令，图层与下面的图层相合并，如图3-45所示。

图3-44　选择需要向下合并的图层　　　　图3-45　图层与下面的图层相合并

方法二：单击【图层】面板右上角的按钮，在弹出的快捷菜单中选择【向下合并】命令，如图3-46所示。

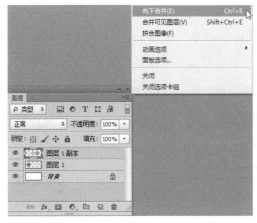

图3-46　选择【向下合并】命令

2. 合并可见图层

合并可见图层就是将当前可见的图层进行合并。执行【图层】→【合并可见图层】命令，或按【Shift+Ctrl+E】组合键，所有可见图层被合并。合并前后的【图层】面板如图3-47和图3-48所示。

图3-47　合并前　　　　　　　　　图3-48　合并后

3. 拼合图像

拼合图像就是将【图层】面板中的所有图层进行合并，执行【图层】→【拼合图

【像】命令，可以将图像中的所有图层拼合为【背景】图层。拼合前后的【图层】面板如图3-49和图3-50所示。

图 3-49 拼合前

图 3-50 拼合后

4. 盖印图层

盖印可以将多个图层的内容合并为一个目标图层，同时其他单个的图层不变，按【Shift+Ctrl+Alt+E】组合键可以盖印所有可见图层。盖印前后的【图层】面板如图3-51和图3-52所示。

图 3-51 盖印前

图 3-52 盖印后

图层组的管理

在图层较多时，为了便于管理，需要用到图层组，本节将介绍图层组的新建、删除、合并、移入/移出操作。

3.3.1 新建和删除图层组

在【图层】面板中单击【创建新组】按钮 📁，如图3-53所示，即可创建一个图层组，如图3-54所示。还可以执行【图层】→【新建】→【组】命令创建图层组。

选中图层组，按住鼠标左键不放，将其拖到删除按钮上，如图3-55所示，可以删除图层组，如图3-56所示。

图 3-53 单击【创建新组】按钮

图 3-54 创建新组

图 3-55 拖动图层组

图 3-56 删除图层组

3.3.2 合并图层组

按住【Ctrl】键，同时选择要合并的图层组，如图3-57所示。按【Ctrl+E】组合键，可以合并多个图层组内的所有图层，如图3-58所示。

图 3-57 选择要合并的图层组

图 3-58 合并所有图层组

3.3.3 将图层移入/移出图层组

新建图层组后，选中要移入组内的图层，如图3-59所示，拖动光标可将图层移至图层组内，如图3-60所示。

图 3-59 选中要移入组内的图层　　　　图 3-60 将图层移至图层组内

选中组内要移出的图层，如图3-61所示。按住鼠标左键不放将其向上拖到图层组外，即可移出，如图3-62所示。

图 3-61 选中组内要移出的图层　　　　图 3-62 向上拖到图层组外

3.4 图层混合模式

图层混合模式确定了其像素如何与图像中的下层像素进行混合，使用混合模式可以创建各种特殊效果。

3.4.1 设置图层混合模式

设置图层混合模式的具体操作如下。

步骤01　按【Ctrl+O】组合键，打开本书配套下载资源中的"素材文件\第3章\海边.jpg""素材文件\第3章\花.jpg"文件，如图3-63所示。

图 3-63 打开素材

步骤02 将素材"花"拖到"海边"文件中，如图3-64所示。在【图层】面板中自动生成【图层1】，如图3-65所示。

图 3-64 将素材"花"拖到"海边"文件中

图 3-65 自动生成【图层1】

步骤03 单击【图层】面板上方的【正常】下拉按钮，在下拉菜单中可以选择所需的混合模式，如图3-66所示；应用了混合模式后的效果如图3-67所示。

图 3-66 设置图层混合模式

图 3-67 混合后的效果

> 温馨提示
>
> 图像中的原稿颜色称为基色；上面一层的颜色称为混合色；上、下两层混合后得到的颜色称为结果色。

3.4.2 图层混合模式的类型

在【图层】面板中，每种混合模式有不同的混合效果。下面就详细介绍各种混合模式的含义。

- 正常：使用该模式时，图像效果不变。
- 溶解：选择该模式后，可降低图层的不透明度，可以使半透明区域上的像素离散，产生点状颗粒，如图3-68所示。

- 变暗：选择该模式后，会选择【基色】或【混合色】中较暗的颜色作为【结果色】。比【混合色】亮的像素被替换，比【混合色】暗的像素保持不变，如图3-69所示。
- 正片叠底：选择该模式后，会将【基色】与【混合色】复合。【结果色】总是较暗的颜色，任何颜色与黑色复合产生黑色，任何颜色与白色复合保持不变，如图3-70所示。

图3-68　溶解模式　　　　　图3-69　变暗模式　　　　　图3-70　正片叠底模式

- 颜色加深：该模式通过增加对比度来加强深色区域，底层图像的白色保持不变，如图3-71所示。
- 线性加深：该模式会查看每个通道中的颜色信息，并通过减小亮度使【基色】变暗以反映混合色。【混合色】与【基色】上的白色混合后将不会产生变化，如图3-72所示。
- 深色：该模式会通过比较【混合色】和【基色】的所有通道值的总和，显示值较小的颜色；换句话说，该图层混合模式是从【基色】和【混合色】中选取最小的通道值来创建结果色的，如图3-73所示。

图3-71　颜色加深模式　　　　图3-72　线性加深模式　　　　图3-73　深色模式

- 变亮：与【变暗】模式的效果相反，当前图层中较亮的像素会替换底层较暗的像素，而较暗的像素则被底层较亮的像素替换，如图3-74所示。

- 滤色：滤色模式与正片叠底模式正好相反，它将图像的【基色】颜色与【混合色】颜色结合起来产生比两种颜色都浅的第3种颜色，如图3-75所示。
- 颜色减淡：该模式会通过减小对比度使【基色】变亮以反映【混合色】。与黑色混合则不发生变化，如图3-76所示。

图3-74　变亮模式　　　　　　图3-75　滤色模式　　　　　　图3-76　颜色减淡模式

- 线性减淡：该模式会通过增加亮度使【基色】变亮以反映【混合色】，但是不要与黑色混合，那样是不会发生变化的，如图3-77所示。
- 浅色：选择该模式后，通过比较【混合色】和【基色】的所有通道值的总和，显示值较大的颜色，但是【浅色】不会生成第3种颜色，因为它将从【基色】和【混合色】中选取最大的通道值来创建【结果色】，如图3-78所示。
- 叠加：该模式可增强图像的颜色，并保持底色图像的高光和暗调，如图3-79所示。

图3-77　线性减淡模式　　　　图3-78　浅色模式　　　　　　图3-79　叠加模式

- 柔光：该模式使颜色变暗或变亮，结果色取决于【混合色】。此效果与发散的聚光灯照在图像上相似，如果【混合色】（光源）比50%灰色亮，则图像变亮；如果【混合色】（光源）比50%灰色暗，则图像变暗，如图3-80所示。
- 强光：该模式将产生一种强光照射的效果。如果【混合色】颜色比【基色】颜色的像素更亮一些，那么【结果色】颜色将更亮；如果【混合色】颜色比【基色】颜色的像素更暗一些，那么【结果色】将更暗，如图3-81所示。

- 亮光：通过增加或减小对比度来加深或减淡颜色，具体取决于【混合色】。如果【混合色】（光源）比 50% 灰色亮，则通过减小对比度使图像变亮。如果【混合色】比 50% 灰色暗，则通过增加对比度使图像变暗，如图3-82所示。

图3-80　柔光模式　　　　　图3-81　强光模式　　　　　图3-82　亮光模式

- 线性光：使用该模式时，如果当前图层中的像素比50%灰色亮，可通过增加亮度使图像变亮；如果当前图层中的像素比50%灰色暗，则通过减小亮度使图像变暗，如图3-83所示。

- 点光：点光模式其实就是替换颜色，其具体取决于【混合色】。如果【混合色】比 50% 灰色亮，则替换比【混合色】暗的像素，而不改变比【混合色】亮的像素。如果【混合色】比 50% 灰色暗，则替换比【混合色】亮的像素，而不改变比【混合色】暗的像素。这对于向图像添加特殊效果非常有用，如图3-84所示。

- 实色混合：使用该模式时，如果当前图层中的像素比50%灰色亮，会使底层图像变亮；如果当前图层中的像素比50%灰色暗，则会使底层图像变暗。该模式通常会使图像产生色调分离效果，如图3-85所示。

图3-83　线性光模式　　　　　图3-84　点光模式　　　　　图3-85　实色混合模式

- 差值：在差值模式中，当前图层的白色区域会使底层图像产生反相效果，而黑色则不会对底层图像产生影响，如图3-86所示。

- 排除：排除模式与差值模式相似，但该模式可以创建对比度更低的混合效果，如图 3-87 所示。

- 减去：该模式可以从目标通道中相应的像素上减去源通道中的像素值，如图 3-88 所示。

图 3-86　差值模式　　　　　　图 3-87　排除模式　　　　　　图 3-88　减去模式

- 划分：该模式可以查看每个通道中的颜色信息，从【基色】中划分【混合色】，如图 3-89 所示。
- 色相：色相模式只用【混合色】颜色的色相值进行着色，而使饱和度和亮度值保持不变。当【基色】颜色与【混合色】颜色的色相值不同时，才能使用描绘颜色进行着色，但是要注意的是色相模式不能用于灰度模式的图像，如图 3-90 所示。
- 饱和度：该模式用【基色】的亮度和色相及【混合色】的饱和度创建【结果色】，如图 3-91 所示。

图 3-89　划分模式　　　　　　图 3-90　色相模式　　　　　　图 3-91　饱和度模式

- 颜色：该模式将当前图层的色相与饱和度应用到底层图像中，但保持底层图像的亮度不变，如图 3-92 所示。
- 明度：该模式能够使用【混合色】颜色的亮度值进行着色，而保持【基色】颜色的饱和度和色相数值不变。其实就是用【基色】中的色相和饱和度及【混合色】的亮度创建【结果色】。此模式创建的效果与颜色模式创建的效果相反，如图 3-93 所示。

图3-92　颜色模式　　　　　　　　　　　图3-93　明度模式

课堂范例——给照片添加柔美光斑效果

步骤01　按【Ctrl+O】组合键，打开本书配套下载资源中的"素材文件\第3章
\美女.jpg""素材文件\第3章\光斑.jpg"文件，如图3-94所示。

图3-94　打开素材

步骤02　将"光斑"素材拖到"美女"素材中，将【图层1】的混合模式设置为
【滤色】，如图3-95所示，图像效果如图3-96所示。

图3-95　设置图层混合模式　　　　　　　图3-96　图像效果

步骤03 在【图层】面板中设置【图层1】不透明度为90%，如图3-97所示；本例最终效果如图3-98所示。

图 3-97　设置图层不透明度

图 3-98　最终效果

图层样式

本节将介绍图层样式的类型及复制、删除和隐藏图层样式的方法。

3.5.1　图层样式的类型

1. 混合选项

【混合选项】可以设定图层中图像与下面图层中图像混合的效果。【混合选项】包括【常规混合】、【高级混合】、【混合颜色带】3项，如图3-99所示。

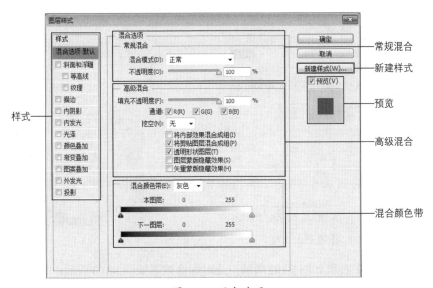

图 3-99　混合选项

【混合选项】面板中常用参数的含义如下。

- 样式：选中样式复选框可应用该样式，单击样式名称可切换到相应的选项面板。

- 常规混合：【常规混合】栏中可以设定混合模式和不透明度，其效果等同于在【图层】面板中进行的设定。

- 新建样式：将自定义效果保存为新的样式文件。

- 预览：通过预览形态显示当前设置的样式效果。

- 高级混合：控制填充不透明度及内部样式的混合。

- 混合颜色带：此栏用于设置进行混合的像素范围。单击右侧的三角按钮，在打开的下拉列表中可以选择颜色通道，与当前的图像色彩模式相对应。例如，若是RGB模式的图像，则下拉菜单为灰色加上R、G、B共4个选项。若是CMYK模式的图像，则下拉菜单为灰色加上C、M、Y、K共5个选项。

效果样式名称前面的复选框有应用效果标记☑，表示在图层中添加了该效果。取消勾选效果前面的应用效果标记，相应的图层样式也被取消。

2. 投影和内阴影

投影包括【投影】和【内阴影】两种图层样式，通过添加【投影】和【内阴影】图层样式效果可以增强图像的立体感及透视效果，【投影】效果是在图层内容的后面添加阴影，【内阴影】可在图层内容边缘或内部增加投影。

在对话框中可以设置阴影的透明度、边缘羽化和投影角度等。设置【投影】参数如图3-100所示，此时图像效果如图3-101所示。

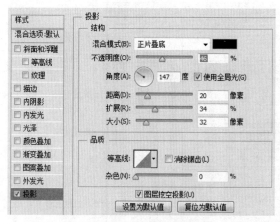

图3-100 【投影】面板

图3-101 投影

设置【内阴影】参数如图3-102所示，此时图像效果如图3-103所示。

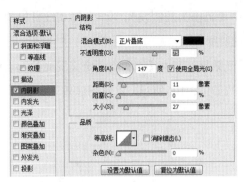

图 3-102 【内阴影】面板

图 3-103 内阴影

【投影】和【内阴影】面板中常用参数含义如下。

- 结构：定义投影的组成结构，其中【角度】定义阴影的方向；【距离】设置阴影相对于图层内容的位移量；【扩展】设置阴影大小；【大小】设置光源离图层内容的距离。
- 品质：设置阴影的显示效果，其中【等高线】定义阴影渐隐的样式效果；【杂色】设置对阴影添加随机的透明点。
- 图层挖空投影：控制半透明图层中投影的可见性。

3. 外发光、内发光

【外发光】可以在图像内容边缘的外部产生发光效果，可以改变发光的颜色、大小等。设置【外发光】参数如图3-104所示，此时图像效果如图3-105所示。

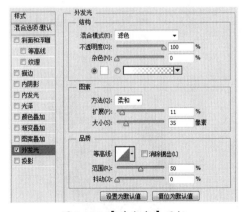

图 3-104 【外发光】面板

图 3-105 外发光

【外发光】面板中常用参数含义如下。

- 结构：定义发光效果的组成结构。通过单击颜色图标或渐变色谱，弹出拾色器和渐变编辑器以设置发光颜色。
- 图素：定义外发光的方式。【方法】定义柔化蒙版的方法；【扩展】定义模糊之前扩大杂边边界；【大小】定义模糊半径。

- 品质：设置外发光的显示效果。其中【范围】控制发光中作为等高线目标的范围；【抖动】用于改变渐变颜色和不透明度。

【内发光】用于设置图层对象的内边缘发光效果，其中【源】选项定义发光的起点位置为【居中】或【边缘】。设置【内发光】参数如图3-106所示，此时图像效果如图3-107所示。

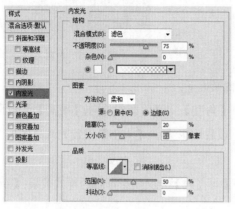

图3-106 【内发光】面板　　　　　　图3-107 内发光

4. 斜面和浮雕

【斜面和浮雕】常用于制作立体效果，它主要是对图层添加高光、阴影等各种组合特效。设置【斜面和浮雕】参数如图3-108所示，此时图像效果如图3-109所示。

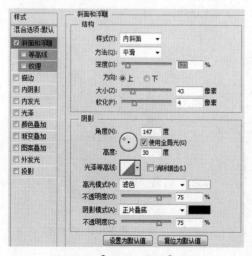

图3-108 【斜面和浮雕】面板　　　　　　图3-109 斜面和浮雕

【斜面和浮雕】面板中常用参数含义如下。

- 结构：定义斜面和浮雕的组成结构。其中【样式】指定斜面样式；【方法】定义斜面和浮雕的雕刻效果；【深度】定义雕刻的强度；【方向】定义突出图层或图层下陷；【软化】用于模糊雕刻的强度，产生柔和效果。

- 阴影：定义浮雕的阴影角度、高度，以及高光和阴影的效果。【光泽等高线】为浮雕创建有光泽度的金属外观，为斜面和浮雕添加阴影后应用。

【斜面和浮雕】的【等高线】复选框可以对斜面区域应用等高线，【纹理】复选框为斜面和浮雕应用纹理。设置【等高线】参数如图3-110所示，此时图像效果如图3-111所示。

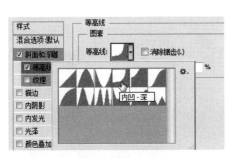

图3-110 【等高线】面板   图3-111   等高线

设置【纹理】参数如图3-112所示，此时图像效果如图3-113所示。

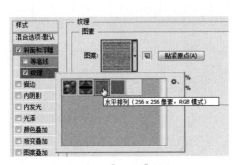

图3-112 【纹理】面板   图3-113   纹理

5. 光泽

【光泽】效果是指图层内部根据图层的形状应用阴影来创建光滑的磨光效果。设置【光泽】参数如图3-114所示，此时图像效果如图3-115所示。

6. 颜色叠加、渐变叠加、图案叠加

颜色叠加、渐变叠加和图案叠加是指分别用颜色、渐变或图案来填充图层内容。设置【颜色叠加】参数如图3-116所示，此时图像效果如图3-117所示。

图 3-114 【光泽】面板

图 3-115 光泽

图 3-116 【颜色叠加】面板

图 3-117 颜色叠加

设置【渐变叠加】参数如图 3-118 所示，此时图像效果如图 3-119 所示。【与图层对齐】复选框可使渐变原点对齐到图层内容。

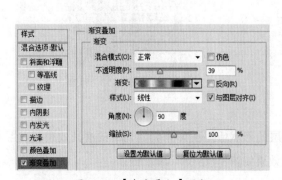

图 3-118 【渐变叠加】面板

图 3-119 渐变叠加

设置【图案叠加】参数如图 3-120 所示，此时图像效果如图 3-121 所示。【缩放】选项用于设置渐变大小。

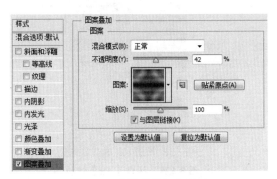

图 3-120　【图案叠加】面板

图 3-121　图案叠加

7. 描边

【描边】样式使用颜色、渐变或图案在当前图层上绘制对象的轮廓。设置【描边】参数如图 3-122 所示，此时图像效果如图 3-123 所示。

图 3-122　【描边】面板

图 3-123　描边

【描边】面板中常用参数含义如下。

- 大小：控制描边的宽度，以像素为单位。
- 位置：定义描边处于图层对象的位置，包括【外部】、【内部】和【居中】。
- 填充类型：定义描边的内容为图案或渐变，当设置【填充类型】为【渐变】或【图案】时，面板中显示渐变或图案的扩展选项。

3.5.2　复制图层样式到其他图层

图 3-124 所示为【图层 1】应用了描边效果，按住【Alt】键将【效果】图标从【图层 1】拖动到【图层 2】，如图 3-125 所示，可以将该图层的所有效果都复制到目标图层。

图3-124　描边效果

图3-125　按住【Alt】键拖动

此时【图层】面板如图3-126所示，描边效果被复制，如图3-127所示。

图3-126　【图层】面板

图3-127　描边效果被复制

　　有多个效果时只需要复制一个效果，可按住【Alt】键拖动该效果的名称至目标图层；如果没有按住【Alt】键，则可以将效果转移到目标图层，原图层不再有效果。

　　此外还可以使用菜单命令复制。选择添加了图层样式的图层，执行【图层】→【图层样式】→【拷贝图层样式】命令复制效果，再选择其他图层，执行【图层】→【图层样式】→【粘贴图层样式】命令，可以将效果粘贴到该图层中。

3.5.3　删除和隐藏图层样式

　　本节将介绍删除和隐藏图层样式的方法，具体操作如下。

1．删除图层样式

　　当对创建的样式效果不满意时，可以在【图层】面板中清除图层样式，删除图层样式的方法有以下两种。

　　方法一：选择需要删除图层样式的图层，如【图层1】，右击鼠标，在弹出的快捷菜单中选择【清除图层样式】命令，如图3-128所示。

方法二：直接拖曳图层后的 *fx* 图标到【图层】面板右下角的【删除图层】按钮 🗑 上，如图3-129所示。

图3-128 使用【清除图层样式】　　　　　图3-129 拖动清除图层样式

2.隐藏图层样式

在【图层】面板中，【效果】前面的【切换图层效果可见性】图标 👁 用于控制效果的可见性。如果要隐藏一个效果，可单击该名称前的【切换单一图层效果可见性】图标 👁；如果要隐藏一个图层中所有的效果，可单击该图层【效果】前的【切换所有图层效果可见性】图标 👁。

如图3-130所示为【图层1】应用了【描边】和【投影】两种效果，单击【投影】前面的 👁 图标，只隐藏【投影】效果，如图3-131所示。隐藏后的效果如图3-132所示。

图3-130 【描边】和【投影】效果　　图3-131 单击 👁 图标　　图3-132 隐藏投影

如果要隐藏文档中所有图层的效果，可执行【图层】→【图层样式】→【隐藏所有效果】命令。

📖 **课堂范例——制作图片留白效果**

步骤 01   按【Ctrl+O】组合键，打开本书配套下载资源中的"素材文件\第3章
\女孩1.jpg""素材文件\第3章\女孩2.jpg"文件，如图3-133所示。

图3-133   打开素材

步骤 02   将"女孩2"拖到"女孩1"文件中，
按【Ctrl+T】组合键，按住【Shift】键，调整"女孩
2"大小，如图3-134所示。完成后按【Enter】键。

步骤 03   单击【图层】面板下方的【添加图
层样式】按钮 *fx.*，在弹出的菜单中选择【描边】命
令，在弹出的【图层样式】对话框中设置参数，如
图3-135所示。

图3-134   调整"女孩2"大小

步骤 04   单击【确定】按钮制作留白效果，本例最终效果如图3-136所示。

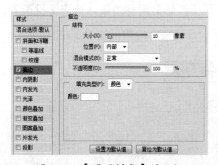

图3-135   【图层样式】对话框   图3-136   最终效果

👤 **课堂问答**

在学习了本章有关图层的认识和操作后，还有哪些需要掌握的难点知识呢？下面将
为读者讲解本章的疑难问题。

问题 ❶：怎样才能保留原图层并合并生成一个新的图层？

答：使用盖印可以保留原图层并合并生成新的图层，按【Shift+Ctrl+Alt+E】组合键
可以盖印所有可见图层。

问题 ❷：合并应用了图层混合模式的图层后，图层混合模式效果还有吗？

答：合并应用了图层混合模式的图层后，两个图层合并为一个图层，混合后的效果被保留，但图层的混合模式显示为正常。

问题 ❸：如何将应用了图层样式的图层变为普通图层并保留图层样式的效果？

答：在应用了图层样式的图层下面新建一个图层，选中上面的应用了图层样式的图层，如图3-137所示，按【Ctrl+E】组合键向下合并，合并后【图层】面板如图3-138所示。

图3-137　应用图层样式

图3-138　【图层】面板

上机实战——制作晶莹水晶文字

为了让读者能巩固本章知识点，下面讲解一个技能综合案例。

制作晶莹水晶文字的效果展示如图3-139所示。

效果展示

图3-139　制作晶莹水晶文字的效果展示

思路分析

本例介绍制作晶莹水晶文字的方法，用到了图层样式中的【光泽】、【斜面和浮雕】、【内发光】、【内阴影】、【投影】等，在制作过程中要注意样式参数的设置。

制作步骤

步骤01　按【Ctrl+O】组合键，打开本书配套下载资源中的"素材文件\第3章

\女孩.jpg"文件,如图3-140所示。选择工具箱中的【横排文字工具】**T**,输入文字,字体为Impact,颜色为浅蓝色,如图3-141所示。

图3-140　打开素材

图3-141　　输入文字

步骤02　双击【文字】图层,打开【图层样式】对话框,选择【光泽】样式,设置参数如图3-142所示,设置光泽颜色为蓝色。选择【斜面和浮雕】样式,设置参数如图3-143所示。

图3-142　设置【光泽】参数

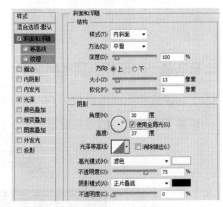

图3-143　设置【斜面和浮雕】参数

步骤03　选择【内发光】样式,设置参数如图3-144所示,设置内发光颜色为蓝色。选择【内阴影】样式,设置参数如图3-145所示,内阴影颜色为蓝色。

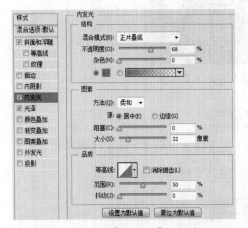

图3-144　设置【内发光】样式参数

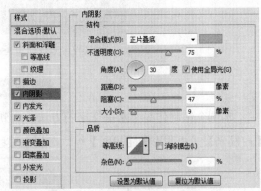

图3-145　设置【内阴影】样式参数

步骤04　再选择【投影】样式，设置参数如图3-146所示，完成后单击【确定】按钮，文字最终效果如图3-147所示。

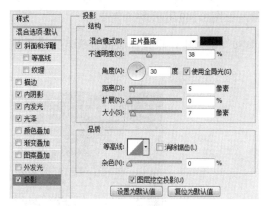

图3-146　设置投影样式参数

图3-147　最终效果

🌐 同步训练——制作文身效果

为了增强读者的动手能力，下面安排一个同步训练案例，让读者达到举一反三，触类旁通的学习效果。

制作文身效果的图解流程如图3-148所示。

图解流程

图3-148　制作文身效果的图解流程

思路分析

本例介绍制作文身效果的方法，先使用图层混合模式，去除蝴蝶的白色背景。再将蝴蝶调小，最后使用橡皮擦工具擦除多余图形。

步骤01　按【Ctrl+O】组合键，打开本书配套下载资源中的"素材文件\第3章\红衣美女.jpg""素材\第3章\蝴蝶.jpg"文件，如图3-149所示。

步骤02　将"蝴蝶"素材拖到"红衣美女"素材中，设置图层混合模式为【正片叠底】，背景去除，效果如图3-150所示。

图3-149　打开素材　　　　　　　　　　　　图3-150　拖动素材

步骤03　按【Ctrl+T】组合键，调整蝴蝶大小，如图3-151所示。完成后按【Enter】键，本例最终效果如图3-152所示。

图3-151　调整蝴蝶大小　　　　　　　　　　图3-152　最终效果

知识与能力测试

本章介绍了Photoshop图层的认识和操作，为对知识进行巩固和考核，布置相应的练习题。

一、填空题

1. 使用【图层】面板中的填充图层可以进行＿＿＿、＿＿＿、＿＿＿的填色操作，并可以进行快速的修改。

2. 选择＿＿＿命令即可打开或隐藏【图层】面板。

3. 单击【图层】面板中的＿＿＿按钮，即可在当前图层的上方创建新图层。

二、选择题

1. 删除图层的方法是（　　　）。

A．拖至【删除图层】按钮　　　　　　　B．将图层不透明度调整为0%

C．使用【删除图层】菜单　　　　　　　D．隐藏该图层

2. Photoshop中位于【图层】菜单下的合并图层的命令方法有（　　　）种。

A．5　　　　　　　B．3　　　　　　　C．2　　　　　　　D．6

三、简答题

1. 在什么情况下需要创建图层组？

2. 应用图层样式后如何清除图层样式？

CS6
PHOTOSHOP

第4章
文本的创建与编辑

　　Photoshop CS6 中提供了丰富的文字工具及编辑文字功能，而平面设计中丰富多彩的文字效果也将起到锦上添花的效果。

学习目标

- 熟练掌握输入并修改文字的方法
- 熟练掌握【字符】面板和【段落】面板的使用方法
- 熟练掌握编辑文本的方法

4.1 输入文字

在Photoshop中，文字分为点文本和段落文本两种形式。直接单击鼠标左键生成的是点文本；按住鼠标左键不放拖出文本框，生成的是段落文本。

4.1.1 横排文字工具

选择工具箱中的【横排文字工具】 T，其选项栏如图4-1所示。选项栏中常用参数含义如下。

图4-1 【横排文字工具】选项栏

- 更改文本方向 ⬆️：单击此按钮，可以将选择的水平方向文字转换为垂直方向，或将选择的垂直方向文字转换为水平方向。
- 设置字体 微软雅黑 ▾：在该选项下拉列表中可以选择字体。
- 字体样式 Regular ▾：该选项只对部分英文字体有效，其右侧窗口的下拉列表中包括Regular（规则的）、Italic（斜体）、Bold（粗体）、Bold Italic（粗斜体）4个选项。
- 字体大小 10点 ▾：可以选择字体的大小，或者直接输入数值来进行调整。
- 消除锯齿 ᵃa 锐利 ▾：决定文字边缘的平滑程度，包括【无】、【锐化】、【明晰】、【强】和【平滑】5种方式。
- 文本对齐：根据输入文字时光标的位置来设置文本的对齐方式，包括【左对齐文本】 ▤、【居中对齐文本】 ▤和【右对齐文本】 ▤。
- 文本颜色 ▢：单击颜色块，可以在打开的【拾色器】对话框中设置文字的颜色。
- 文本变形 ⌐：单击该按钮，可以在打开的【变形文字】对话框中为文本添加变形样式，创建变形文字。
- 显示/隐藏【字符】面板和【段落】面板 ▤：单击该按钮，可以显示或隐藏【字符】和【段落】面板。
- 提交所有当前编辑 ✔：单击该按钮，即可完成文字的输入。

4.1.2 直排文字工具

使用【直排文字工具】 ↓T可以输入直排文字，其操作方法与横排文字工具相同，只是创建的文字方向不同而已，如图4-2所示。

图4-2　输入直排文字

温馨提示　按【Ctrl+Shift+<（>）】组合键可将文字大小增加或减少2个点；按【Ctrl+Shift+Alt+<（>）】组合键可将文字大小增加或减少10个点。

4.1.3　文字蒙版工具

选择工具箱中的【横排文字蒙版工具】 🅣 或【直排文字蒙版工具】 🅘 ，在图像中单击并输入文本，如图4-3所示。输入完成后，按【Ctrl+Enter】组合键，即可得到文字选区，如图4-4所示。

图4-3　输入文字

图4-4　创建横排文字选区

温馨提示　当文字蒙版选区处于红色蒙版状态时，可对其进行字体、大小等属性的更改，当其退出文字输入状态后，不能进行此编辑操作。

4.1.4　输入段落文字

点文本不能自动换行，当需要换行时，需要按【Enter】键。创建段落文本时，会自动生成文本框，输入文字后，文字会随框架的宽度自动换行。

选择工具箱中的文字工具，如【横排文字工具】 🅣 ，在选项栏中设置字体、大小和颜色，在文件中按住鼠标左键不放向下拖动，此时会出现一个文本框，如图4-5所示。在文本框内输入文字后，单击选项栏中的 ✅ 按钮，完成文字的输入，如图4-6所示。

当输入的段落文字超出文本框所能容纳的文字数量时，在框架右下角会出现一个溢流图标 ⊞ ，提醒用户有多余的文本没有显示出来。

图 4-5　出现文本框

图 4-6　完成文字的输入

课堂范例——制作图案文字

步骤01　按【Ctrl+O】组合键，打开本书配套下载资源中的"素材文件\第4章\向日葵.jpg"文件，如图4-7所示。选择工具箱中的【横排文字蒙版工具】 ，在图像上单击，输入文字"向日葵"，如图4-8所示。

图 4-7　打开素材

图 4-8　输入文字

步骤02　按【Ctrl+Enter】组合键，完成文字的输入，此时显示如图4-9所示的文字选区。选择工具箱中的【矩形选框工具】 ，单击选项栏中的【新选区】按钮 ，如图4-10所示。

图 4-9　文字选区

图 4-10　单击【新选区】按钮

步骤03　移动选区至如图4-11所示的位置，按【Ctrl+J】组合键，复制选区内的图像到新的图层，隐藏【背景】图层，得到如图4-12所示的图案文字。

图4-11　移动选区

图4-12　图案文字

4.2 【字符】面板和【段落】面板

除了在选项栏中设置文字的字体、大小等属性外，还可以在【字符】面板和【段落】面板中进行更多属性的设置。

4.2.1　【字符】面板

文字输入完成后，还可以对已输入的文字进行各种操作，单击选项栏中的【切换字符和段落面板】按钮或者执行【文字】→【面板】→【字符面板】命令，都可以打开【字符】面板，如图4-13所示。

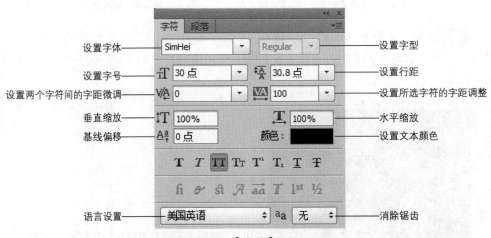
图4-13　【字符】面板

【字符】面板中的设置字体、设置字型、设置字号、设置文字颜色和消除锯齿选项与选项栏中的选项功能相同。参数含义如下。

- 设置字体：该选项与在文字工具选项栏中设置字体系列选项相同，用于设置被选中文本的字体。
- 设置字号：在其下拉列表中选择预设的文字大小值，也可以在文本框中输入大小值，对文字的大小进行设置。
- 设置两个字符间的字距微调：在其下拉列表中，可选择两个字符之间的距离，范围是-100~200。
- 垂直缩放：选中需要进行缩放的文字后，垂直缩放的文本框显示为100%，可以在文本框中输入任意数值对选中的文字进行垂直缩放。
- 基线偏移：调整文字与文字基线的距离，可以升高或降低行距的文字，以创建上标或下标效果。单位是点，正值则文字上移，负值则文字下移。
- 设置字体样式：通过单击面板中的按钮可以对文字进行仿粗体、仿斜体、全部大写字母、小型大写字母、文字为上标、文字为下标、为文字添加下划线、删除线等设置。这些样式的效果如表4-1所示。

表4-1 字体样式

样 式 图 标	效 果
原有文字效果	Photoshop
仿粗体	**Photoshop**
仿斜体	*Photoshop*
全部大写字母	PHOTOSHOP
小型大写字母	Photoshop
上标	Photoshop^{CS6}
下标	Photoshop$_{CS6}$
下划线	Photoshop
删除线	~~Photoshop~~

- 设置行距：可从其下拉列表中选取所需的字符行距，单位为点。行距应该和字体的大小相匹配。
- 设置所选字符的字距调整：选中需要设置的文字后，在其下拉列表中选择需要调整的字距数值。
- 水平缩放：选中需要进行缩放的文字，水平缩放的文本框显示默认值为100%，可以在文本框中输入任意数值对选中的文字进行水平缩放。
- 设置文本颜色：在面板中直接单击颜色块可以弹出【选择文本颜色】对话框，在该对话框中选择适合的颜色即可完成对文本颜色的设置。

- 消除锯齿：该选项与在其选项栏中设置消除锯齿的方法效果相同，用于设置消除锯齿的方法。

4.2.2 【段落】面板

【段落】面板主要用于设置文本的对齐方式和缩进方式等。单击选项栏中的【切换字符面板和段落面板】按钮，或者执行【窗口】→【段落】命令，都可以打开【段落】面板，如图4-14所示。

图4-14 【段落】面板

【段落】面板中常用参数含义如下。

- 对齐方式：包括左对齐文本、右对齐文本、居中对齐文本、最后一行左对齐、最后一行居中对齐、最后一行右对齐和全部对齐。
- 段落调整：包括左缩进、右缩进、首行缩进、段前添加空格和段后添加空格。
- 避头尾法则设置：选取换行集为无、JIS宽松、JIS严格。
- 间距组合设置：选取内部字符间距集。
- 连字：允许使用连字符连接单词。

4.3 编辑文本

本节将介绍将文本图层转换为普通图层、对文字变形、沿路径绕排文字的方法。

4.3.1 将文本图层转换为普通图层

直接在图像中选择文字工具输入的点文字和段落文字属于矢量图文字，文字栅格化后，就由矢量图变成位图了，文字被栅格化后，就无法返回矢量文字的可编辑状态。

在文字图层上右击，在弹出的快捷菜单中选择【栅格化文字】命令，如图4-15所示，即可将文字进行栅格化，如图4-16所示。

图 4-15 选择【栅格化文字】命令

图 4-16 文字栅格化

4.3.2 变形文字

文字变形是指对创建的文字进行变形处理后得到的文字，具体操作方法如下。

步骤01 选择工具箱中的【横排文字工具】**T**，输入文字，如图 4-17 所示。

步骤02 单击选项栏中的【变形文字】按钮，打开【变形文字】对话框，单击【样式】列表框，选择变形样式，如图 4-18 所示，单击【确定】按钮，文字形状发生变化，如图 4-19 所示。设置【样式】选项为【无】，可取消当前选取文字的变形效果。

图 4-17 输入文字

图 4-18 【变形文字】对话框

图 4-19 文字形状发生变化

【变形文字】对话框中参数含义如下。

- 水平：设置变形的中心轴为水平方向，当为负数时，为反方向变形。
- 垂直：设置变形的中心轴为垂直方向，为反方向变形。
- 弯曲：设置变形时的弯曲度，数值越大，弯曲程度就越大，为反方向变形。
- 水平扭曲：设置在水平方向上产生的扭曲程度，为反方向变形。
- 垂直扭曲：设置在垂直方向上产生的扭曲程度，为反方向变形。

4.3.3 沿路径绕排文字

选择工具箱中的【钢笔工具】 ，选择选项栏中的【路径】选项，绘制路径。选择工具箱中的【横排文字工具】 T ，将光标放到路径上，出现如图4-20所示的符号。此时输入的文字会沿着路径绕排，如图4-21所示。

图 4-20　将光标放到路径上　　　　　　　　图 4-21　输入文字

课堂范例——制作波浪文字效果

步骤01　按【Ctrl+O】组合键，打开本书配套下载资源中的"素材文件\第4章\美女.jpg"文件，如图4-22所示。选择工具箱中的【横排文字工具】 T ，在图像上输入文字，大小为14，按【Ctrl+Enter】组合键，完成文字的输入，如图4-23所示。

图 4-22　打开素材　　　　　　　　　　　图 4-23　输入文字

步骤02　单击选项栏中的【文字变形】按钮 ，打开【变形文字】对话框，在【样式】中选择【旗帜】，如图4-24所示。单击【确定】按钮，得到如图4-25所示的效果。

图 4-24　【变形文字】对话框　　　　　　　图 4-25　变形文字

步骤03　选中文字图层，单击【图层】面板下方的【添加图层样式】按钮 fx ，在弹出的快捷菜单中选择【斜面和浮雕】命令，在弹出的【图层样式】对话框中设置参数，如图4-26所示。再选中对话框左边的【渐变叠加】样式，颜色选择彩虹色，在对话框中设置参数如图4-27所示。

图 4-26　斜面和浮雕

图 4-27　渐变叠加

步骤04　选中对话框左边的【外发光】样式，设置颜色为浅黄色，参数如图4-28所示。选中对话框左边的【投影】样式，在对话框中设置参数如图4-29所示。单击【确定】按钮，得到如图4-30所示的效果。

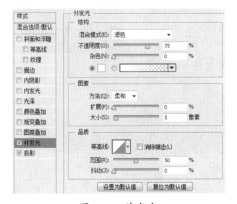

图 4-28　外发光

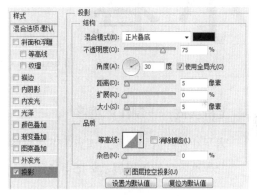

图 4-29　投影

图 4-30　最终效果

课堂问答

在学习了本章有关文本的创建与编辑的相关知识后，还有哪些需要掌握的难点知识呢？下面将为读者讲解本章的疑难问题。

问题 ❶: 横排文字与直排文字如何互相转换？

答：选择工具箱中的文字工具，单击选项栏中的【切换文本取向】按钮 ，即可将横排文字与直排文字互相转换。

问题 ❷: 点文本和段落文本可以互相转换吗？

答：点文本和段落文本可以互相转换。选中点文本，执行【文字】→【转换为段落文本】命令，可以将点文本转换为段落文本。选中段落文本，执行【文字】→【转换为点文本】命令，可以将段落文本转换为点文本。

问题 ❸: 如何将文字转换为路径？

答：选中文本所在的图层，执行【文字】→【创建工作路径】命令，可以将文字转换为路径，如图 4-31 所示。

图 4-31　将文字转换为路径

上机实战——制作冰雪字

为了让读者巩固本章知识点，下面讲解一个技能综合案例。

制作冰雪字的效果展示如图 4-32 所示。

效果展示

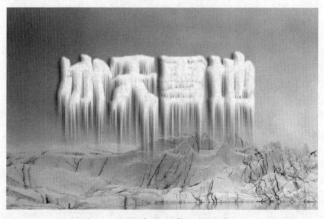

图 4-32　制作冰雪字的效果展示

本例主要通过【液化】命令制作冰雪融化的效果，同时还使用了【晶格化】、【高斯模糊】、【风】滤镜制作文字表面的冰雪质感。

制作步骤

步骤01 按【Ctrl+O】组合键，打开本书配套下载资源中的"素材文件\第4章\冰雪.jpg"文件，如图4-33所示。

步骤02 选择工具箱中的【横排文字工具】T，输入文字【冰天雪地】，字体为【造字工房力黑】，颜色为白色，如图4-34所示。

图4-33 打开图像　　　　　　　　　　　图4-34 输入文字

步骤03 在文字图层的下方新建一个图层，填充为黑色，【图层】面板如图4-35所示，按【Ctrl+E】组合键将其合并，如图4-36所示。

温馨提示
加黑色背景是为了文字在液化时能看清楚。

图4-35 【图层】面板　　　　　图4-36 合并文字

步骤04 执行【滤镜】→【液化】命令，打开【液化】对话框，在白色文字上拖动，制作出冰雪融化下滴的形态，如图4-37所示，然后单击【确定】按钮。

步骤05 选择工具箱中的【魔棒工具】，在选项栏中设置【容差】为10，在黑色背景处单击，按【Delete】键，删除选区内的图形，按【Ctrl+D】组合键，取消选区，得到如图4-38所示的效果。

步骤06 执行【图层】→【图层样式】→【斜面和浮雕】命令，打开【图层样式】对话框，让文字产生立体浮雕的效果，设置【阴影模式】颜色为蓝色，其余参数设置如图4-39所示；单击【确定】按钮，效果如图4-40所示。

图4-37 【液化】对话框

图4-38 删除黑色背景

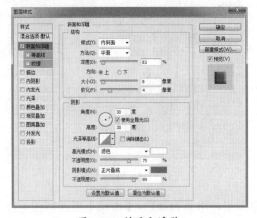

图4-39 斜面和浮雕

图4-40 浮雕效果

步骤07 执行【滤镜】→【杂色】→【添加杂色】命令，打开【添加杂色】对话框，设置【数量】为12，如图4-41所示，单击【确定】按钮，效果如图4-42所示。

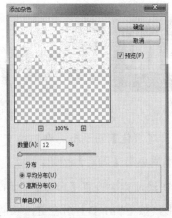

图4-41 【添加杂色】对话框

图4-42 文字杂色效果

步骤08 执行【滤镜】→【像素化】→【晶格化】命令，打开【晶格化】对话框，设置【单元格大小】为3，如图4-43所示，单击【确定】按钮，效果如图4-44所示。

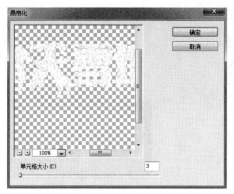

图4-43 【晶格化】对话框

图4-44 文字效果

步骤09 执行【滤镜】→【模糊】→【高斯模糊】命令，打开【高斯模糊】对话框，设置模糊【半径】为0.8像素，如图4-45所示，单击【确定】按钮，效果如图4-46所示。

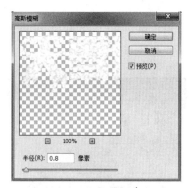

图4-45 设置模糊参数

图4-46 文字效果

步骤10 下面加强冰雪效果。执行【图像】→【图像旋转】→【90度（顺时针）】命令，按顺时针旋转画布90°，如图4-47所示。

步骤11 执行【滤镜】→【风格化】→【风】命令，设置【方法】为【风】，如图4-48所示，单击【确定】按钮，效果如图4-49所示。

图4-47 旋转画布

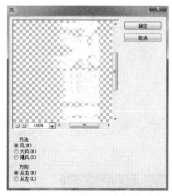

图4-48 设置风效果

步骤12 按【Ctrl+F】组合键，加强效果，如图4-50所示。执行【图像】→【图像旋转】→【90度（逆时针）】命令，逆时针旋转画布90°，效果如图4-51所示。

图4-49　风效果

图4-50　加强效果

图4-51　旋转画布

步骤13　执行【图层】→【图层样式】→【投影】命令，打开【图层样式】对话框中，设置【投影】颜色为深蓝色，其参数设置如图4-52所示，单击【确定】按钮，最终效果如图4-53所示。

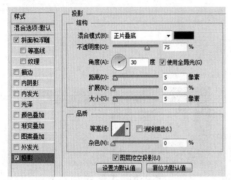

图4-52　添加投影

图4-53　最终效果

⊕ 同步训练——制作火柴字

为了增强读者的动手能力，下面安排一个同步训练案例，让读者达到举一反三，触类旁通的学习效果。

制作火柴字的图解流程如图4-54所示。

图解流程

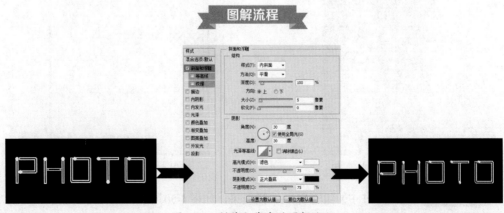

图4-54　制作火柴字的图解流程

本例介绍的是制作火柴字的方法，将字体放入C盘"Fonts"文件夹中，即可在软件中显示。再使用图层样式为其添加斜面和浮雕效果即可。

关键步骤

步骤01　在"素材文件\第4章"文件夹中找到"huochaitijian"，按【Ctrl+C】组合键，复制字体，再打开C盘中的"Windows\Fonts"文件夹，按【Ctrl+V】组合键，将字体粘贴到此文件夹中，如图4-55所示。

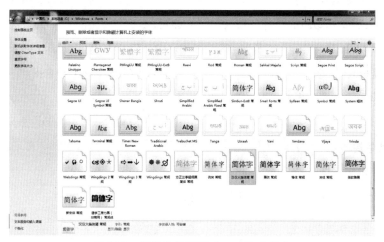

图4-55　将字体粘贴到"Fonts"文件夹

步骤02　在Photoshop中新建文件，选择工具箱中的【横排文字工具】 T ，输入文字，字体为【huochaitijian】，颜色为白色，如图4-56所示。

图4-56　输入文字

步骤03　单击【图层】面板下方的【添加图层样式】按钮 fx. ，在弹出的快捷菜单中选择【斜面和浮雕】命令，在弹出的【图层样式】对话框中设置参数，如图4-57所示。单击【确定】按钮，得到如图4-58所示的效果。

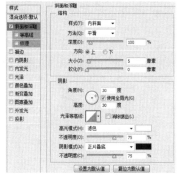

图4-57　【图层样式】对话框

图4-58　最终效果

知识与能力测试

本章介绍了 Photoshop 文本的创建与编辑，为对知识进行巩固和考核，布置相应的练习题。

一、填空题

1．利用【横排文字蒙版工具】和【直排文字蒙版工具】可以生成＿＿＿＿。

2．在文字选项栏中可以改变文字的＿＿＿＿、＿＿＿＿、＿＿＿＿等属性。

二、选择题

1．当输入文字时，每行文字都是独立的，其中行的长度随着编辑增加或缩短，但不会换行，如果需要开始新的一行，按（   ）即可。

    A．【Alt】键   B．【Ctrl】键

    C．【Enter】键   D．【Ctrl+Enter】组合键

2．当输入的文字过多时，超出矩形框的文字将被（   ）。

    A．超过   B．切掉   C．隐藏   D．删除

三、简答题

1．如何将文字图层转换为普通图层？

2．在 Photoshop 中如何将文字转换为形状？

CS6
PHOTOSHOP

第5章
绘画和修饰图片

　　本章将详细介绍图像处理常用工具的操作方法及技巧，详细介绍使用绘图工具绘制图像，使用图像修饰工具修饰图像等方法。在Photoshop中处理图像的工具很多，只要掌握工具的使用方法及技巧，就能大大提高图像编辑的工作效率。

学习目标

- 熟练掌握绘画工具的使用方法
- 熟练掌握特殊绘画工具的使用方法
- 熟练掌握橡皮擦工具的使用方法
- 熟练掌握颜色填充工具的使用方法
- 熟练掌握颜色与效果修饰工具的使用方法
- 熟练掌握修饰与修补工具的使用方法

5.1 绘画工具

本节将介绍画笔工具、铅笔工具、颜色替换工具等绘画工具的使用方法，重点是画笔工具的使用。画笔工具不仅可以创建比较柔和的艺术笔触效果，还可以自定义画笔，画笔工具组包括4个画笔工具，分别是：画笔工具 ✍、铅笔工具 ✎、颜色替换工具 ✄ 和混合器画笔工具 ✐，如图5-1所示，下面介绍各子工具的使用方法。

图 5-1　画笔工具组

5.1.1 画笔工具

使用画笔工具可以创建比较柔和的艺术笔触效果，其效果类似水彩笔或毛笔的效果，也可以自定义画笔样式。其选项栏如图5-2所示。

图 5-2　【画笔工具】选项栏

选项栏中各参数含义如下。

- 画笔：单击该按钮，可在弹出的下拉列表中选择调整画笔直径大小及画笔大小。
- 模式：可根据需要从中选取一种着色模式。
- 不透明度：该选项用于设置画笔颜色的透明程度，取值在0%～100%，取值越大，画笔颜色的不透明度越高，取值为0%时，画笔是透明的。
- 流量：此选项设置与不透明度有些类似，指画笔颜色的喷出浓度，这里的不同之处在于不透明度是指整体颜色的浓度，而流量是指画笔颜色的浓度。
- 喷枪效果：类似一个喷枪，在画面停留片刻后绘制出的颜色会越来越浓。

下面具体介绍常用画笔参数的设置，包括画笔大小、画笔的硬度、【画笔】面板的使用。

1. 画笔大小

单击【画笔工具】选项栏中的 · 按钮，可打开【画笔预设】选取器，如图5-3所示。

在【大小】文本框中输入画笔直径大小，单位是像素，即可设置画笔大小，也可直接拖动【大小】下面的滑块设置画笔大小。当画笔类工具处于选取状态时，按【[】键可以快速缩小画笔尺寸，按【]】键可以快速增大画笔尺寸。

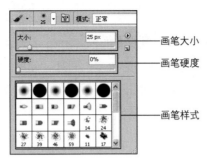

图 5-3 【画笔预设】选取器

2. 画笔的硬度

画笔的硬度用于控制画笔在绘画中的柔软程度。其设置方法和画笔大小一样，只是单位是百分比；当画笔的硬度为100%时，则画笔绘制出的效果边缘就非常清晰；当画笔的硬度小于100%时，则表示画笔有不同程度的柔软效果，硬度越小越柔和，如图5-4所示。

硬度 100%　　　　　　　　　　　　　　硬度 0%

图 5-4 画笔硬度大小对比

3. 【画笔】面板

画笔工具的属性除了可以在选项栏和【画笔】下拉面板中进行设置外，还可以通过【画笔】面板进行更丰富的设置。执行【窗口】→【画笔】命令或按【F5】键，可打开【画笔】面板，如图5-5所示。

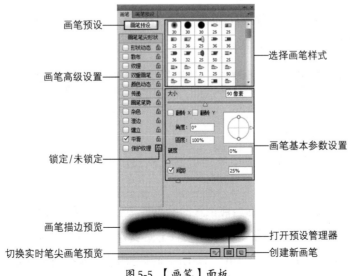

图 5-5 【画笔】面板

面板中各参数含义如下。

- 画笔预设：可以打开【画笔预设】面板。

- 画笔基本参数设置：改变画笔的角度、圆度、硬度间距。其中间距指单个画笔元素之间的距离，画笔间距单位为百分比，百分比越大，则表示单个画笔元素之间的距离越远。

- 画笔高级设置：设置画笔的大小抖动、散布、颜色动态等效果。

- 锁定/未锁定：锁定或未锁定画笔笔尖形状。

- 切换实时笔尖画笔预览：显示 Photoshop 提供的预设画笔笔尖。

- 打开预设管理器：可以打开【预设管理器】。

- 创建新画笔：对预设画笔进行调整，可单击该按钮，将其保存为一个新的预设画笔。

5.1.2 铅笔工具

铅笔工具用来绘制刚硬的线条，其操作和设置方法与画笔工具相似。【铅笔工具】选项栏除了【自动抹除】复选框外，其余各选项参数与画笔工具完全相同，其选项栏如图5-6所示。

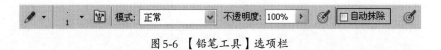

图5-6 【铅笔工具】选项栏

【自动抹除】用于实现擦除功能，选中此复选框后可将铅笔工具当橡皮擦使用。当用户在与前景色颜色相同的图像区域内描绘时，会自动擦除前景色颜色而填入背景色的颜色。

5.1.3 颜色替换工具

颜色替换工具是用颜色替换目标颜色，并且保留图像原有的材质和明暗关系；选择工具箱中的【颜色替换工具】，其选项栏如图5-7所示。

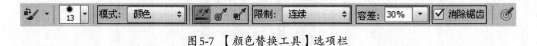

图5-7 【颜色替换工具】选项栏

选项栏中各参数含义如下。

- 模式：与【图层】面板中的图层混合模式作用相同，只包括【色相】、【饱和度】、【颜色】、【亮度】4种模式。

- 取样：【连续】是以鼠标当前位置的颜色为颜色基准；【一次】是始终以开始涂抹时的基准颜色为颜色基准；【背景色板】是以背景色为颜色基准进行替换。

- 限制：设置替换颜色的方式，以工具涂抹时的第一次接触颜色为基准色。其中，

【连续】是以涂抹过程中鼠标当前所在位置的颜色作为基准颜色来选择替换颜色的范围;【不连续】是指凡是鼠标指针移动到的地方都会被替换颜色;【查找边缘】主要是将色彩区域之间的边缘部分替换颜色。

- 容差:用于设置颜色替换的容差范围。数值越大,则替换的颜色范围也越大。
- 消除锯齿:勾选该复选框,可以为校正的区域定义平滑的边缘,从而消除锯齿。

使用颜色替换工具替换图像中的颜色的操作步骤如下。

步骤01 打开如图5-8所示的图片,选择工具箱中的【颜色替换工具】 ,设置前景色为黄色。

步骤02 在要替换颜色的图像上拖动涂抹即可完成颜色的替换,如图5-9所示。

图5-8 选择颜色替换工具

图5-9 替换颜色

> **温馨提示**
> 【颜色替换工具】指针中间有一个十字标记,替换颜色边缘时,即使画笔直径覆盖了颜色及背景,但只要十字标记是在背景的颜色上,就只会替换背景颜色。

5.1.4 混合器画笔工具

混合器画笔工具是较为专业的绘画工具,通过选项栏的设置可以调节笔触的颜色、潮湿度、混合颜色等,这些就如同我们在绘制水彩或油画时,随意地调节颜料颜色、浓度、颜色混合等,可以绘制出更为细腻的效果图。

选择工具箱中的【混合器画笔工具】 ,选项栏的常用参数设置如图5-10所示。

图5-10 【混合器画笔工具】选项栏

选项栏中各参数含义如下。

- 画笔预设选取器:单击可打开【画笔预设选取器】对话框,可以选取需要的画笔形状和进行画笔的设置。
- 设置画笔颜色:单击可打开【选择绘画颜色】对话框,可以设置画笔的颜色。
- 【每次描边后载入画笔】 和【每次描边后清理画笔】按钮 :单击【每次描边后载入画笔】按扭 ,完成涂抹操作后将混合前景色进行绘制。单击【每次描

边后清理画笔 【 】按扭，绘制图像时将不会绘制前景色。

- 预设混合画笔：单击【有用的混合画笔组合】下拉列表后的三角按钮，可以打开系统自带的混合画笔。当挑选一种混合画笔时，选项栏右边的4个相应选项会自动更改为预设值。

- 潮湿：设置从图像中拾取的色彩量，数值越大，色彩量越多。

- 载入：设置画笔上的色彩量，数值越大，画笔的色彩越多。

打开如图5-11所示的图片，选择工具箱中的【混合器画笔工具】 ，设置好参数后，在图像中涂抹，混合颜料色彩，效果如图5-12所示。

图5-11 打开图片

图5-12 在图像中涂抹

课堂范例——替换花朵颜色

步骤01 按【Ctrl+O】组合键，打开本书配套下载资源中的"素材\第5章\花.jpg"文件，如图5-13所示。选择工具箱中的【颜色替换工具】 ，选项栏中的参数设置如图5-14所示。

图5-13 打开素材

图5-14 【颜色替换工具】选项栏

步骤02 设置前景色为浅蓝色，在花朵上涂抹即可将原来的颜色替换为前景色，如图5-15所示。在涂抹的过程中，光标的十字符号不能超出花朵的边缘，否则花朵外面的颜色也会被替换，最终效果如图5-16所示。

图5-15　在花朵上涂抹

图5-16　最终效果

5.2 特殊绘画工具

历史记录画笔工具组包括两个画笔工具，分别是【历史记录画笔工具】和【历史记录艺术画笔工具】，如图5-17所示。下面介绍各个子工具的使用方法。

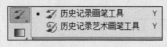

图5-17　选项栏

5.2.1　历史记录画笔工具

历史记录画笔工具就像一个有记忆的橡皮擦，在绘画的过程中出现任何不满意的地方，可以选择性地进行恢复。使用历史记录画笔工具恢复图像的具体操作步骤如下。

步骤01　打开如图5-18所示的图片，执行【滤镜】→【风格化】→【查找边缘】命令，得到如图5-19所示的效果。

图5-18　打开图片

图5-19　查找边缘

步骤02 选择工具箱中的【历史记录画笔工具】 ，在图像上进行涂抹，图像就逐步恢复到编辑前的样子，如图5-20所示。

使用历史记录画笔工具绘画后，图像效果将会恢复到【历史记录】面板中【历史记录画笔图标】所在的操作步骤中，【历史记录画笔图标】默认位于初始状态，如图5-21所示。

图5-20　在图像上进行涂抹　　　　　　　　图5-21　【历史记录】面板

5.2.2　历史记录艺术画笔工具

历史记录艺术画笔工具的使用方法与历史记录画笔工具完全相同，不同的是历史记录艺术画笔工具在对图像涂抹后，会形成一种特殊的艺术笔触效果，如图5-22所示。

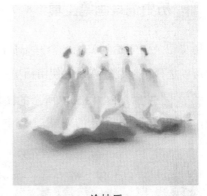

涂抹前　　　　　　　　　　　　　　　　涂抹后

图5-22　涂抹前后效果

选择工具箱中的【历史记录艺术画笔工具】 ，其选项栏如图5-23所示。

图5-23　【历史记录艺术画笔工具】选项栏

选项栏中常用参数含义如下。

- 样式：可以选择一个选项来控制绘画描边的形状，包括【绷紧短】、【绷紧中】和【绷紧长】等。

- 区域：用于设置绘画描边所覆盖的区域。该值越高，覆盖的区域越大，描边的数量也越多。

- 容差：容差值可以限定可应用绘画描边的区域。低容差可用于在图像中的任何地方绘制无数条描边，高容差会将绘画描边限定在与原状态或快照中的颜色明显不同的区域。

课堂范例——黑白照片上色

步骤01　按【Ctrl+O】组合键，打开本书配套下载资源中的"素材文件\第5章\黑白照片.jpg"文件，如图5-24所示。选择工具箱中的【画笔工具】，在选项栏中设置【模式】为【颜色】，如图5-25所示。

图5-24　打开素材　　　　　　　　　图5-25　【画笔工具】选项栏

步骤02　在前景色中设置皮肤的颜色值为（R：201，G：192，B：193），在皮肤上涂抹，为皮肤上色，如图5-26所示。再设置前景色为红色，值为（R：206，G：149，B：200），在嘴唇上涂抹，为嘴唇上色，如图5-27所示。

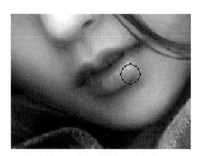

图5-26　在皮肤上涂抹　　　　　　　　图5-27　在嘴唇上涂抹

步骤03　设置前景色为军绿色，值为R：150，G：168，B：156，在衣服上涂抹，为衣服上色，最终效果如图5-28所示。在涂抹的过程中若超出要涂抹的范围，可以选择工具箱中的【历史记录画笔工具】 ，在超出的部分涂抹，涂抹处将回到历史记录，变为打开时的图像。

图 5-28　最终效果

5.3 橡皮擦工具组

使用橡皮擦工具、背景橡皮擦工具和魔术橡皮擦工具可以对图像中的部分区域进行擦除。

5.3.1 橡皮擦工具

橡皮擦工具是图像修饰中使用率非常高的工具，可以擦除图像。如果处理的是【背景】图层或锁定了透明区域的图层，涂抹区域会显示为背景色；处理其他图层时，可擦除涂抹区域的像素。

打开如图5-29所示的图片，选择工具箱中的【橡皮擦工具】 ，在图像中按住左键进行拖动擦除即可，如图5-30所示，擦除处的颜色被背景色替代。将【背景】图层解锁后再擦除，可直接擦除图像，如图5-31所示。

图 5-29　打开图片

图 5-30　擦除

图 5-31　将【背景】图层解锁后再擦除

选择工具箱中的【橡皮擦工具】 ，其选项栏如图 5-32 所示。

图 5-32　【橡皮擦工具】选项栏

选项栏中常用参数含义如下。

- 模式：可以选择橡皮擦的种类。选择【画笔】，可创建柔边擦除效果；选择【铅笔】，可创建硬边擦除效果；选择【块】，擦除的效果为块状。
- 不透明度：设置工具的擦除强度，100% 的不透明度可以完全擦除像素，较低的不透明度将部分擦除像素。
- 流量：用于控制工具的涂抹速度。
- 抹到历史记录：勾选该复选框后，橡皮擦工具就具有历史记录画笔的功能，即在绘画过程中如有任何不满意的地方，可以选择性地进行恢复。

5.3.2　背景橡皮擦工具

背景橡皮擦工具可以将图层中与取样背景色相近的像素擦除，使其成为透明区域，其擦除功能非常灵活。在选项栏中设置橡皮擦的大小，按住左键在要擦除的图像上拖动，光标经过区域被擦除为透明区域，擦除前后效果如图 5-33 所示。

图 5-33　擦除前后效果

选择工具箱中的【背景橡皮擦工具】 ，其选项栏如图5-34所示。

图5-34 【背景橡皮擦工具】选项栏

选项栏中常用参数含义如下。

- 取样：用于设置取样方式。单击【连续】按钮 ，在拖动鼠标指针时可连续对颜色取样，凡是出现在鼠标指针中心十字线内的图像都会被擦除；单击【一次】按钮 ，只擦除包含第一次单击点颜色的图像；单击【背景色板】按钮 ，只擦除包含背景色的图像。
- 限制：定义擦除时的限制模式。选择【不连续】，可擦除出现在鼠标指针下任何位置的样本颜色；选择【连续】，只擦除包含样本颜色并且互相连接的区域；选择【查找边缘】，可擦除包含样本颜色的连续区域，同时更好地保留形状边缘的锐化程度。
- 容差：用于设置颜色的容差范围。低容差仅限于擦除与样本颜色非常相似的区域，高容差可擦除范围更广的颜色。
- 保护前景色：勾选该复选框后，可防止擦除与前景色匹配的区域。

5.3.3 魔术橡皮擦工具

魔术橡皮擦工具的作用和魔棒工具相似，可以自动擦除当前图层中与选区颜色相近的像素。直接在要擦除的区域上单击，即可进行擦除。擦除的范围受容差限制，擦除前后效果如图5-35所示。

图5-35 擦除前后效果

选择工具箱中的【魔术橡皮擦工具】 ，其选项栏如图5-36所示。

图5-36 【魔术橡皮擦工具】选项栏

选项栏中常用参数含义如下。

- 消除锯齿：勾选该复选框可以使擦除边缘平滑。
- 连续：勾选该复选框后，擦除仅与单击处相邻的且在容差范围内的颜色；若不勾选该复选框，则擦除图像中所有符合容差范围内的颜色。
- 不透明度：设置所要擦除图像区域的不透明度，数值越大，则图像被擦除得越彻底。

 5.4 颜色填充

使用填充工具可以对图像选区进行色彩和图案的填充。右击工具箱中的【渐变工具】按钮█，即可显示填充工具组，如图5-37所示。

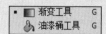

图5-37 填充工具组

5.4.1 油漆桶工具

油漆桶工具是一种非常方便快捷的填充工具，可以根据图像的颜色容差填充颜色或图案。

打开如图5-38所示的图片，选择工具箱中的【油漆桶工具】，设置前景色为蓝色。在图像背景处单击鼠标左键即可将原背景色替换为当前前景色，填充效果如图5-39所示。

图5-38 打开图片

图5-39 单击鼠标左键

选择工具箱中的【油漆桶工具】按钮，其选项栏如图5-40所示。

图5-40 【油漆桶工具】选项栏

选项栏中常用参数含义如下。

- 填充内容：单击油漆桶右侧的按钮，可以在下拉列表中选择填充内容，包括【前景】和【图案】。
- 模式/不透明度：用于设置填充内容的混合模式和不透明度。
- 容差：用于定义必须填充的像素的颜色相似程度。低容差会填充颜色值范围内与单击点像素非常相似的像素，高容差则填充更大范围内的像素。
- 消除锯齿：可以平滑填充选区的边缘。
- 连续的：只填充与鼠标单击点相邻的像素；取消勾选时可填充图像中的所有相似的像素。
- 所有图层：勾选该复选框，表示基于所有可见图层中的合并颜色数据填充像素；取消勾选，则仅填充当前图层。

5.4.2 渐变工具

渐变工具是一种特殊的填充工具，用于在整个文档或选区内填充渐变颜色，渐变在Photoshop中的应用非常广泛，它不仅可以填充图像，还可以用来填充图层蒙版、快速蒙版和通道。选择工具箱中的【渐变工具】，其选项栏如图5-41所示。

图 5-41 【渐变工具】选项栏

选项栏中常用参数含义如下。

- 渐变色按钮：此按钮可以显示当前设定的渐变色。单击该按钮，可以打开渐变编辑框，在此面板中可以设定或管理渐变颜色。单击右侧的按钮，打开渐变拾色器，可以选用已设定的渐变效果，也可自定义渐变效果。
- ：5种渐变模式，具体效果如图5-42所示。
- 模式：此选项用于混合渐变色和源图像颜色的混合效果。
- 不透明度：用于设置渐变色的不透明度。
- 反向：可转换渐变中的颜色顺序，得到反方向的渐变结果。
- 仿色：勾选此复选框，可以将急剧变化部分出现的颜色边界线柔化。
- 透明区域：勾选该复选框，可以创建包含透明像素的渐变；取消勾选，则创建实色渐变。

选择渐变工具后，在文档窗口中按住鼠标左键不放进行绘制，则起始点到结束点之间会显示出一条提示直线，鼠标拖曳的方向决定填充后颜色倾斜的方向，提示线的长短也会直接影响渐变色的最终效果。

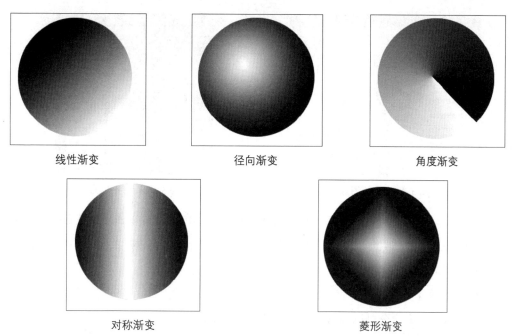

线性渐变　　　　　　　径向渐变　　　　　　　角度渐变

对称渐变　　　　　　　　　　　菱形渐变

图 5-42　5 种渐变效果

5.4.3 【填充】和【描边】命令

本节将介绍 Photoshop 中【填充】和【描边】命令的使用。

1.【填充】命令

使用【填充】命令可以在当前图层或选区内填充颜色或图案，在填充时还可以设置不透明度和混合模式。使用【填充】命令填充图像的具体步骤如下。

步骤01　执行【编辑】→【填充】命令，打开【填充】对话框，在【使用】下拉列表中选择【图案】，如图 5-43 所示。

图 5-43　【填充】对话框

步骤02　在【自定图案】下拉列表中选择图案，如图 5-44 所示。单击【确定】按钮，图案填充到整个画布，如图 5-45 所示。

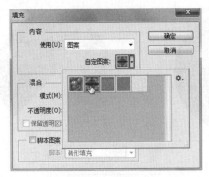

图 5-44　选择图案

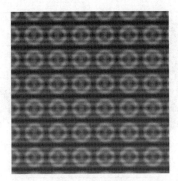

图 5-45　图案填充

在此对话框中还可以填充前景色、背景色和任意颜色，也可以使用快捷键填充。按【Alt+Delete】组合键填充前景色，按【Ctrl+Delete】组合键填充背景色，按【X】键交换前景色与背景色。

2.【描边】命令

使用【描边】命令可以为选区描边，具体操作步骤如下。

步骤01　打开一张图片，选择工具箱中的【磁性套索工具】按钮，沿小女孩绘制选区，如图5-46所示。执行【编辑】→【描边】命令，打开【描边】对话框，设置【宽度】为12像素，【颜色】为蓝色，如图5-47所示。

图5-46　打开一张图片

图5-47　【描边】对话框

步骤02　单击【确定】按钮，描边效果如图5-48所示。

图5-48　描边效果

课堂范例——制作梦幻色彩照片效果

步骤01 按【Ctrl+O】组合键，打开本书配套下载资源中的"素材文件\第5章\美女.jpg"文件，如图5-49所示。在【图层】面板中单击【创建新的填充或调整图层】按钮◢，在弹出的菜单中选择【渐变】命令，如图5-50所示。

图5-49　打开素材

图5-50　选择【渐变】命令

步骤02 在打开的【渐变填充】对话框中选择渐变色为彩虹，样式为【角度】，其余参数设置如图5-51所示，在图片中拖动可以移动渐变色的中心点，单击【确定】按钮，渐变色如图5-52所示。

图5-51　【渐变填充】对话框

图5-52　渐变色

步骤03 此时，在【图层】面板自动生成一个新的图层，如图5-53所示。在【图层】面板中设置其混合模式为【滤色】，如图5-54所示；图像效果如图5-55所示。

图5-53　生成一个新的图层

图5-54　设置其混合模式

图5-55　图像效果

步骤04　在【图层】面板中设置【不透明度】为70%，如图5-56所示；图像最终
效果如图5-57所示。

图5-56　设置【不透明度】 　　　　　　图5-57　最终效果

颜色与效果修饰工具

本节将介绍对图像进行颜色与效果修饰的减淡工具组与模糊工具组中工具的使用。

5.5.1　减淡工具

利用减淡工具能够表现图像中的高亮度效果。利用减淡工具在特定的图像区域内进
行拖动，然后让图像的局部颜色变得更加明亮，对处理图像中的高光非常有用。

选择工具箱中的【减淡工具】，其选项栏如图5-58所示。

选项栏中常用参数含义如下。

图5-58　【减淡工具】选项栏

- 范围：在下拉列表中有3个选
项：【暗调】、【中间调】和【高
光】。选择【暗调】，只作用于图像的暗色部分。选择【中间调】，只作用于图像
中暗色和亮色之间的部分。选择【高光】，只作用于图像的亮色部分。
- 曝光度：设置图像的曝光强度。强度越大，则图像越亮。

如图5-59所示是使用减淡工具在图像的背景上涂抹的前后对比效果。

图5-59　使用【减淡工具】前后对比效果

5.5.2 加深工具

加深工具与减淡工具的功能相反，使用加深工具可以表现出图像中的阴影效果。利用该工具在图像中涂抹可以使图像亮度降低。【加深工具】选项栏如图5-60所示，与【减淡工具】选项栏完全相同，使用方法也与减淡工具完全相同，效果却是相反的。

图 5-60 【加深工具】选项栏

如图5-61所示是使用加深工具在图像的背景上涂抹的前后对比效果。

图 5-61 使用【加深工具】前后对比效果

5.5.3 海绵工具

海绵工具主要用于精确地增加或减少图像的饱和度，在特定的区域内拖动，会根据不同图像的不同特点来改变图像的颜色饱和度和亮度。利用海绵工具，能够自如地调节图像的色彩效果，从而让图像色彩效果更完美。

选择工具箱中的【海绵工具】，其选项栏如图5-62所示。选择【模式】

图 5-62 【海绵工具】选项栏

中的【降低饱和度】可以降低图像颜色的饱和度，用来表现比较阴沉、昏暗的效果。选择【饱和】可以增加图像颜色的饱和度。

如图5-63所示是使用海绵工具在图像上涂抹的前后对比效果。

图 5-63 使用【海绵工具】前后对比效果

5.5.4 模糊工具

工具箱中的模糊工具与【滤镜】菜单中的【高斯模糊】滤镜的功能类似，使用模糊工具对选定的图像区域进行模糊处理，能够让选定区域内的图像更为柔和。

选择工具箱中的【模糊工具】 ◊，其选项栏如图5-64所示。

图5-64 【模糊工具】选项栏

选项栏中常用参数含义如下。

- 画笔：设置模糊的大小，同时也可应用动态画笔选项。
- 模式：设置像素的合成模式，有正常、变暗、变亮、色相、饱和度、颜色和亮度7个选项。
- 强度：设置画笔的力度。数值越大，画出的线条色越深，也越有力。
- 对所有图层取样：勾选该复选框，则将模糊应用于所有可见图层，否则只应用于当前图层。

如图5-65所示是使用模糊工具在图像上涂抹的前后对比效果。

图5-65 使用模糊工具前后对比效果

5.5.5 锐化工具

锐化工具用于在图像的指定范围内涂抹，以增加颜色的强度，使颜色柔和的线条更锐利，图像的对比度更明显，图像也变得更清晰。

选择工具箱中的【锐化工具】 △，其选项栏如图5-66所示，各选项参数与模糊工具相同。

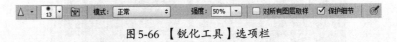

图5-66 【锐化工具】选项栏

如图5-67所示是使用锐化工具在图像上涂抹的前后对比效果。

图5-67　使用锐化工具前后对比效果

5.5.6　涂抹工具

涂抹工具用于在指定区域中涂抹像素，以扭曲图像的边缘。图像中颜色与颜色的边界生硬时利用涂抹工具进行涂抹，能够使图像的边缘部分变得柔和。

选择工具箱中的【涂抹工具】 ，其选项栏如图5-68所示。

图5-68　【涂抹工具】选项栏

如图5-69所示是使用涂抹工具在图像上涂抹的前后对比效果。

图5-69　【涂抹工具】前后对比效果

5.6 修饰和修补图像

本节将介绍对图像进行修饰与修补的污点修复画笔工具组与仿制图章工具组中的工具的使用。

5.6.1 污点修复画笔工具

污点修复画笔工具可以迅速修复图像中的瑕疵或污点。选择工具箱中的【污点修复画笔工具】，其选项栏如图5-70所示。

图 5-70 【污点修复画笔工具】选项栏

选项栏中常用参数含义如下。

- 模式：用来设置修复图像时使用的混合模式。

- 类型：用来设置修复方法。【近似匹配】的作用为将所涂抹的区域以周围的像素进行覆盖，【创建纹理】的作用为以其他的纹理进行覆盖，【内容识别】是由软件自动分析周围图像的特点，将图像进行拼接组合后填充在该区域并进行融合，从而达到快速无缝的拼接效果。

- 对所有图层取样：勾选此复选框，可从所有可见图层中对数据进行取样。如果取消选择【对所有图层取样】复选框，则只从现用图层中取样。

使用污点修复画笔工具进行图像修复时不需要进行取样。打开如图5-71所示的图片，调整画笔大小与污点相同，在脸部污点处单击鼠标左键，污点消失，如图5-72所示。

图 5-71 打开图片

图 5-72 修复污点图像

5.6.2 修复画笔工具

使用修复画笔工具时，需要先取样，然后将选取的图像填充到要修复的目标区域，使修复的区域和周围的图像相融合。选择工具箱中的【修复画笔工具】 ，其选项栏如图5-73所示。

图5-73　【修复画笔工具】选项栏

选项栏中常用参数含义如下。

- 模式：设置修复画笔绘制的像素和原来像素的混合模式。
- 源：设置用于修复像素的来源。选择【取样】单选按钮，则使用当前图像中定义的像素进行修复；选择【图案】单选按钮，则可从后面的下拉菜单中选择预定义的图案对图像进行修复。
- 对齐：设置对齐像素的方式，与其他工具类似。

使用修复画笔工具可以细致地对图像的细节部分进行修复，具体操作步骤如下。

步骤01　打开图5-71所示的图片，选择工具箱中的【修复画笔工具】 ，按住【Alt】键，在要修复的图像附近取样，如图5-74所示。

步骤02　再将鼠标指针放到需要修复的位置，单击鼠标左键修复图像，如图5-75所示。

图5-74　修复污渍

图5-75　修复完成

5.6.3　修补工具

修补工具使用选定区域像素替换修补区域像素，并自动将取样区域的纹理、光照和阴影与源点区域进行匹配，使替换区域与背景自然汇合。选择工具箱中的【修补工具】 ，其选项栏如图5-76所示。

图5-76　【修补工具】选项栏

选项栏中常用参数含义如下。

- 布尔运算按钮：可以对选区进行添加、减去、交叉等操作。

- 修补：设置修补的对象。选择【源】单选按钮，则将选区定义为想要修复的区域。选择【目标】单选按钮，则将选区定义为进行取样的区域。
- 透明：用于设置所修复图像的透明度。
- 使用图案：单击此按钮，则会使用当前选中的图案对选区进行修复。

使用修补工具修补图像的具体操作步骤如下。

步骤01　打开一张图片，选择工具箱中的【修补工具】 ，拖动鼠标指针在发带上创建选区，释放鼠标后，选区自动闭合，如图5-77所示。

步骤02　将鼠标指针放到选区内，鼠标指针变成 ，接住鼠标左键不放向下拖动，如图5-78所示。

图5-77　创建选区

图5-78　移动选区

步骤03　释放鼠标后，发带被下面的头发覆盖，如图5-79所示。按【Ctrl+D】组合键取消选区，完成图像修复，如图5-80所示。

图5-79　修复选区

图5-80　修复图像完成

5.6.4　红眼工具

红眼工具可以修正由于闪光灯原因造成的人物红眼、过暗或绿色反光。选择工具箱中的【红眼工具】，其选项栏如图5-81所示。

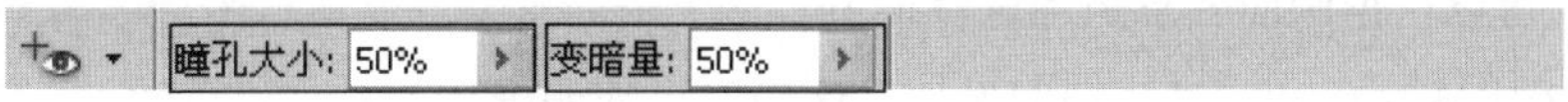

图 5-81　【红眼工具】选项栏

选项栏中常用参数含义如下。

● 瞳孔大小：设置瞳孔（眼睛暗色的中心）的大小。

● 变暗量：设置瞳孔的暗度。

使用红眼工具修复红眼的具体步骤如下。

步骤01　打开一张红眼图片，选择工具箱中的【红眼工具】，在图像中按住鼠标左键拖曳出一个矩形框选中红眼部分，如图5-82所示。

步骤02　释放鼠标左键即可完成红眼的消除与修正；清除左右两侧红眼后，最终效果如图5-83所示。

图 5-82　框选红眼

图 5-83　完成修复红眼

5.6.5　内容感知移动工具

使用内容感知移动工具可以参照画面中周围的环境、光源，对多余的部分进行剪切、粘贴等修整，使画面移动后，视觉整体和谐。选择工具箱中的【内容感知移动工具】，其选项栏如图5-84所示。

图 5-84　【内容感知移动工具】选项栏

选项栏中常用参数含义如下。

● 模式：包括【移动】和【扩展】两个选项，【移动】是指移动原图像的位置；【扩展】是指复制原图像的位置。

- 适应：包括【非常严格】、【严格】、【中】、【松散】和【非常松散】5个选项，用户可以根据画面要求适当进行调节。

使用内容感知移动工具移动图像的具体操作步骤如下。

步骤01 打开一张图片，选择工具箱中的【内容感知移动工具】，在选项栏的【模式】中选择【移动】，如图5-85所示。沿对象边缘拖动鼠标左键，释放鼠标左键后，选区自动闭合，如图5-86所示。

图5-85 选择【移动】

步骤02 将鼠标指针放到选区内，按住鼠标左键不放向下拖动，选区内的图像被移到新的位置，如图5-87所示。

图5-86 创建选区

图5-87 向下拖动

步骤03 若在选项栏中选择【扩展】模式，将鼠标指针放到如图5-88所示的选区内，按住鼠标左键不放向外拖动，选区内的图像将被复制到新的位置，如图5-89所示。操作完成后，按【Ctrl+D】组合键取消选区即可。

图5-88 选择【扩展】模式

图5-89 复制到新的位置

5.6.6 图章工具

图章工具组中有仿制图章工具和图案图章工具两种，下面介绍它们的使用方法。

1．仿制图章工具

仿制图章工具可以将指定的图像区域像盖章一样，复制到指定的区域中，也可以将一个图层的一部分绘制到另一个图层。

选择工具箱中的【仿制图章工具】🖋️，其选项栏如图5-90所示。

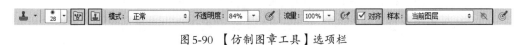

图5-90　【仿制图章工具】选项栏

选项栏中常用参数含义如下。

- 切换至画笔面板：单击该按钮，可以打开【画笔】面板。
- 切换至仿制源面板：单击该按钮，可以打开【仿制源】面板。
- 对齐：勾选该复选框，可以连续对对象进行取样；取消选择，则每单击一次鼠标，都使用初始取样点中的样本像素，因此，每次单击都被视为是另一次复制。
- 样本：用于选择指定的图层进行数据取样。在【样本】列表框中，可以选择取样的目标范围，分别可以设置【当前图层】、【当前和下方图层】和【所有图层】3种取样目标范围。

使用仿制图章工具可以细致地对图像的细节部分进行修复，具体操作步骤如下。

步骤01　打开一张图片，选择工具箱中的【仿制图章工具】🖋️，按住【Alt】键，在要修复的图像附近取样，如图5-91所示。

步骤02　再将鼠标指针放到需要修复的位置，按住鼠标左键拖动即可修复图像，如图5-92所示。

图5-91　在要修复的图像附近取样

图5-92　修复图像

2．图案图章工具

图案图章工具可以使用Photoshop提供的图案或者是用户自定义的图案进行绘画，常用于背景图片的制作。

选择工具箱中的【图案图章工具】🖼️，其选项栏如图5-93所示。

图5-93 【图案图章工具】选项栏

选项栏中常用参数含义如下。

- 图案：在此下拉列表中可选择进行复制的图案。可以是系统预设的图案，也可以是自定义的图案。

- 对齐：用于控制是否在复制时使用对齐功能。如果勾选该复选框，即使在复制的过程中释放鼠标，分几次进行复制，达到的图像也会排列整齐，不会覆盖原来的图像。如果未勾选该复选框，那么在复制的过程中释放鼠标后，继续进行复制时，将重新开始复制图像，而且将原来的图像覆盖。

- 印象派效果：勾选该复选框，可对图案进行印象派艺术效果的处理。图案的笔触会变得扭曲、模糊。

使用图案图章工具自定义图案的具体操作步骤如下。

步骤01　打开如图5-94所示的图片，选择工具箱中的【矩形选框工具】🔲，绘制选区，如图5-95所示。

图5-94　打开图片　　　　　　　　　图5-95　绘制选区

步骤02　执行【编辑】→【定义图案】命令，打开【图案名称】对话框，设置名称为【图案1】，如图5-96所示。单击【确定】按钮，即可定义图案。

图5-96 【图案名称】对话框

步骤03　选择工具箱中的【图案图章工具】🖼️，在选项栏设置合适的画笔大小，单击【图案】下拉按钮,打开【图案】下拉列表框,选择新定义的图案,如图5-97所示。拖动鼠标即可在图像中绘制图案,如图5-98所示。

图5-97 选择新定义的图案　　　　　　图5-98 绘制图案

课堂范例——快速去除图片中的水印

步骤01　按【Ctrl+O】组合键,打开本书配套下载资源中的"素材文件\第5章\去水印.jpg"文件,如图5-99所示。

步骤02　选择工具箱中的【魔棒工具】,在选项栏中设置【容差】为20,勾选【连续】复选框,如图5-100所示。

图5-99 打开素材　　　　　　　　图5-100 选项栏

步骤03　在白色文字上多次单击,得到如图5-101所示的选区。执行【选择】→【修改】→【扩展】命令,打开【扩展选区】对话框,设置【扩展量】为1像素,如图5-102所示;单击【确定】按钮,扩展选区,如图5-103所示。

图5-101 创建选区　　　　　　　图5-102 【扩展选区】对话框

步骤04　执行【编辑】→【填充】命令,打开【填充】对话框,默认【内容识别】,如图5-104所示;单击【确定】按钮,效果如图5-105所示。

图 5-103　扩展选区

图 5-104　【填充】对话框

步骤 05　按【Ctrl+D】组合键，取消选区，此时白色文字被周围图像替换，如图 5-106 所示。

图 5-105　文字被周围图像替换

图 5-106　取消选区

步骤 06　放大可以观察到衣服上的图像仍有文字痕迹，选择工具箱中的【仿制图章工具】，按住【Alt】键，在如图 5-107 所示的位置取样，然后在文字痕迹上涂抹，本例最终效果如图 5-108 所示。

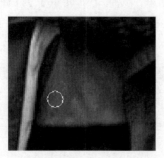

图 5-107　取样

图 5-108　最终效果

课堂问答

在学习了本章有关绘画和修饰图片的相关知识后，还有哪些需要掌握的难点知识呢？下面将为读者讲解本章的疑难问题。

问题❶：为什么不能自定义图案？

答：执行【编辑】→【定义图案】命令时，如果【定义图案】命令呈灰色，可能是创建的选区设置了【羽化】选项，有羽化效果的选区不能定义图案。

问题❷：在 Photoshop 中如何复位【画笔】面板？

答：选择工具箱中的【画笔工具】 ，在选项栏中单击画笔大小的三角形符号。在弹出的面板中单击右上角的三角形符号，然后在弹出的快捷菜单中选择【复位画笔】命令，如图5-109所示，即可复位默认的【画笔】面板。

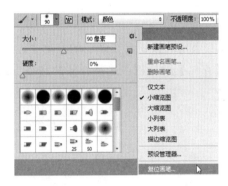

图5-109 选择【复位画笔】命令

问题❸：在 Photoshop 中如何存储画笔，存储后的画笔是什么格式？

答：在 Photoshop 中存储画笔的具体操作如下。

步骤01 新建一个文件，然后在【图层】面板中新建一个图层，选择工具箱中的【画笔工具】 ，绘制图形，如图5-110所示。

图5-110 绘制图形

步骤02 执行【编辑】→【定义画笔预设】命令，打开【定义画笔预设】对话框，输入名称，如图5-111所示，单击【确定】按钮。再次打开面板，在最下方选中新定义的画笔，如图5-112所示。

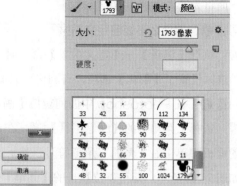

图5-111　输入名称　　　　　　　图5-112　选中新定义的画笔

步骤03　　单击面板右上角的按钮，在弹出的菜单中选择【存储画笔】命令，如图5-113所示。在弹出的【存储】对话框中选择存储的路径，格式为abr，单击【保存】按钮即可，如图5-114所示。

图5-113　选择【存储画笔】命令　　　　图5-114　【存储】对话框

上机实战——制作星光效果

为了让读者巩固本章知识点，下面讲解一个技能综合案例。

制作星光效果的效果展示如图5-115所示。

图5-115 制作星光效果的效果展示

思路分析

本例主要通过画笔工具中的星光混合画笔工具制作星光效果，在【画笔】面板中进行了形状动态和散布的设置，同时设置了画笔的间距。

制作步骤

步骤01 按【Ctrl+O】组合键，打开本书配套下载资源中的"素材文件\第5章\海边夜景.jpg"文件，如图5-116所示。

步骤02 选择工具箱中的【画笔工具】 ，在选项栏中单击如图5-117所示的三角形符号。在弹出的面板中单击右上角的按钮，在弹出的菜单中选择【混合画笔】命令，如图5-118所示。

图5-116 打开素材

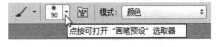

图5-117 单击三角形符号

步骤03 弹出如图5-119所示的提示框，单击【确定】按钮。

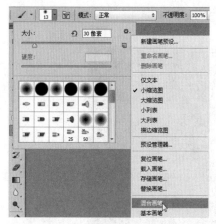

图 5-118　选择【混合画笔】命令　　　　　　　　图 5-119　提示框

步骤04　在选项栏中再次打开【画笔】面板，选择如图 5-120 所示的画笔。按【F5】键，打开【画笔】面板，设置【间距】为 51%，如图 5-121 所示。

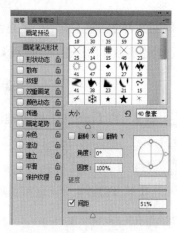

图 5-120　选择画笔　　　　　　　　　　　　　图 5-121　设置【间距】

步骤05　勾选【形状动态】复选框，设置【大小抖动】为 59%，如图 5-122 所示。再勾选【散布】复选框，设置【散布】为 700%，【数量】为 1，如图 5-123 所示。

图 5-122　设置【大小抖动】　　　　　　　　　图 5-123　设置参数

步骤06 按住鼠标左键不放在图像上拖动，得到如图5-124所示的效果。单击
【图层】面板下方的【添加图层样式】按钮 _fx._，在弹出的菜单中选择【外发光】命令，
在弹出的【图层样式】对话框中设置参数，如图5-125所示。

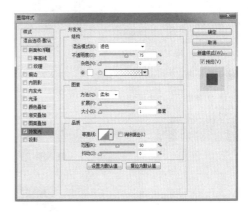

图5-124 绘制图形　　　　　　　　图5-125 【图层样式】对话框

步骤07 单击【图层样式】对话框中的【确定】按钮，本例最终效果如图5-126
所示。

图5-126 最终效果

🌐 同步训练——载入画笔到 Photoshop 中

为了增强读者的动手能力，下面安排一个同步训练案例，让读者达到举一反三，触
类旁通的学习效果。

载入画笔到 Photoshop 中的图解流程如图5-127所示。

图解流程

图 5-127　载入画笔到 Photoshop 中的图解流程

思路分析

本例介绍的是载入画笔到 Photoshop 中的方法，可在网上搜索 adr 格式的画笔，再将其载入 Photoshop 中，新载入的画笔位于画笔的最下方。

关键步骤

图 5-128　单击三角形符号

步骤 01　选择工具箱中的【画笔工具】，在选项栏中单击如图 5-128 所示的三角形符号。在弹出的面板中单击右上角的三角形符号，然后在弹出的菜单中选择【载入画笔】命令，如图 5-129 所示。

步骤 02　在弹出的【载入】对话框中选择要载入的画笔，如图 5-130 所示，然后单击【载入】按钮。在选项栏中再次打开【画笔】面板，在最下方选择如图 5-131 所示的新载入的画笔。

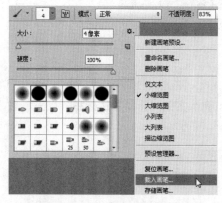

图 5-129　选择【载入画笔】命令

图 5-130　选择要载入的画笔

步骤 03　按【Ctrl+N】组合键，新建一个黑色背景的空白文件。选择工具箱中的

【画笔工具】 ，设置前景色为白色，在文件中单击，即可使用画笔，如图5-132所示。

图5-131　选择新载入的画笔

图5-132　使用画笔

知识与能力测试

本章介绍了Photoshop绘画和修饰图片的相关工具，为对知识进行巩固和考核，布置相应的练习题。

一、填空题

1. 按住_____键，橡皮擦可以切换成移动工具。

2. 画笔工具的属性除可以在选项栏和【画笔】下拉面板中进行设置外，还可以通过_____进行更丰富的设置。

二、选择题

1.（　　）不是修饰图像的工具。

　　A．污点修复画笔工具　　　　　　　　B．修补工具

　　C．仿制图章工具　　　　　　　　　　D．裁剪工具

2. 加深工具的作用与（　　）相反，通过降低图像的曝光度来降低图像的亮度。

　　A．修补工具　　　　B．减淡工具　　　　C．锐化工具　　　　D．涂抹工具

三、简答题

1. 在Photoshop中如何填充图案？

2. 仿制图章工具的十字形光标有什么作用？

CS6
PHOTOSHOP

第6章
图像色彩的调整

　　色彩与色调调整是Photoshop非常重要的一项功能。本章将详细介绍图像的色彩模式、调整图像整体色彩、调整色调及调整特殊色彩。学习后希望读者能举一反三，灵活地运用图像色彩调整的功能。

学习目标

- 熟练掌握自动调色命令的使用方法
- 熟练掌握图像的基本颜色调整的方法
- 熟练掌握色彩和色调的特殊调整的方法
- 熟练掌握图像的高级调整的方法

6.1 自动色调

本节主要介绍了调整自动色阶、自动对比度、自动颜色的方法。在【图像】菜单中可选中这3种命令。

6.1.1 【自动调色】命令

色调是指一幅图像的整体色彩倾向，包括明度、纯度、色相3个要素。执行【图像】→【自动色调】命令，系统会根据图像的色调自动对图像的明度、纯度、色相属性进行调整，使整个图像的色调更均匀和和谐。使用【自动色调】命令前后对比效果如图6-1所示。

图6-1　使用【自动色调】命令前后对比效果

6.1.2 自动对比度

【自动对比度】命令可以通过重新定义图像的高光区域、中间调区域和暗调区域来自动调整图像的对比度，使高光区域更亮、暗调区域更暗，适用于整体色调泛灰，明暗对比不强的图像。执行【图像】→【自动对比度】命令，即可对选择的图像自动调整对比度，使用【自动对比度】命令前后对比效果如图6-2所示。

图6-2　使用【自动对比度】命令前后对比效果

6.1.3 自动颜色

【自动颜色】命令通过搜索实际图像（而不像通道用于暗调、中间调和高光的直方图）来调整图像的对比度和颜色。执行【图像】→【自动颜色】命令，即可自动调整图像的颜色，使用【自动颜色】命令前后对比效果如图6-3所示。

图6-3　使用【自动颜色】前后对比效果

6.2 图像的基本颜色调整

本节主要介绍了色阶、曲线、色彩平衡、亮度/对比度、曝光度、自然饱和度等调整图像基本颜色的方法。

6.2.1 色阶

色阶表示一幅图像的高光、暗调和中间调的分布情况，使用【色阶】命令可以对其调整，当一幅图像的明暗效果过黑或过白时，可以使用【色阶】命令来调整整个图像中各个通道的明暗程度。其具体操作步骤如下。

打开如图6-4所示的图片，执行【图像】→【调整】→【色阶】命令，打开【色阶】对话框，设置参数值如图6-5所示；单击【确定】按钮，得到的效果如图6-6所示。

对话框中常用参数含义如下。

- 预设：在【预设】下拉列表中选择【存储】命令，可以将当前的调整参数保存为一个预设文件。
- 通道：选择需要调整的颜色通道。
- 输入色阶：用于调整图像的阴影、中间调和高光区域。可拖动滑块或者在滑块下面的文本框中输入数值来进行调整。

图6-4 打开图片

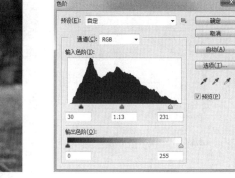

图6-5 【色阶】对话框

图6-6 图像效果

- 输出色阶：可以限制图像的亮度范围，从而降低对比度，使图像呈现褪色效果。

- 自动：单击该按钮，可应用自动颜色校正，Photoshop会以0.5%的比例自动调整图像色阶，使图像的亮度分布更加均匀。

- 选项：单击该按钮，可打开【自动颜色校正选项】对话框，在该对话框中可以设置黑色像素和白色像素的比例。

- 设置白场：使用该工具在图像中单击，可以将单击点的像素调整为白色，比该点亮度值高的像素也都会变为白色。

- 设置灰点：使用该工具在图像中单击，可根据单击点像素的亮度来调整其他中间色调的平均亮度。通常使用它来校正色偏。

- 设置黑场：使用该工具在图像中单击，可以将单击点的像素调整为黑色，原图中比该点暗的像素也变为黑色。

6.2.2 曲线

利用Photoshop中强大的【曲线】命令，可对图像的明暗对比度进行精细调节，不仅能对图像暗调、中间调和高光进行调节，还可以对图像中任一灰阶值进行调节。图像为CMYK模式，调整曲线向上弯曲时，色调变暗；调整曲线向下弯曲时，色调变亮。其具体操作步骤如下。

步骤01 打开如图6-7所示的图片，执行【图像】→【调整】→【曲线】命令或按【Ctrl+M】组合键，打开【曲线】对话框，在曲线中部单击鼠标左键增加控制点，并向左上方拖动控制点，如图6-8所示。

步骤02 单击【确定】按钮，使用【曲线】命令调整图像后，图像变得更加明亮，效果如图6-9所示。

对话框中常用参数含义如下。

- 通道：在下拉列表中可以选择要调整的通道，调整通道会改变图像的颜色。

 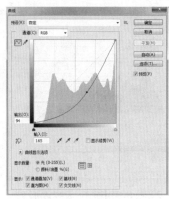 

图 6-7 打开图片　　　　　　图 6-8 【曲线】对话框　　　　　图 6-9 图像效果

- 通过添加点来调整曲线：该按钮为按下状态，此时在曲线中单击可添加新的控制点，拖动控制点改变曲线形状，即可调整图像。
- 使用铅笔绘制曲线：单击该按钮后，可绘制手绘效果的自由曲线。
- 输出/输入：【输入色阶】显示了调整前的像素值，【输出色阶】显示了调整后的像素值。
- 图像调整工具：选择该工具后，将鼠标指针放在图像上，曲线上会出现一个圆形图形，它代表了鼠标指针处的色调在曲线上的位置，在画面中单击并拖动鼠标可添加控制点并调整相应的色调。
- 平滑：使用铅笔绘制曲线后，单击该按钮，可以对曲线进行平滑处理。
- 自动：单击该按钮，可对图像应用【自动颜色】、【自动对比度】或【自动色调】校正。具体的校正内容取决于【自动颜色校正选项】对话框中的设置。
- 选项：单击该按钮，可以打开【自动颜色校正选项】对话框。可指定阴影和高光剪切百分比，并为阴影、中间调和高光指定颜色值。

6.2.3 色彩平衡

【色彩平衡】命令可以分别调整图像的暗调、中间调和高光区的色彩组成，并混合色彩达到平衡。

打开如图6-10所示的图片，执行【图像】→【调整】→【色彩平衡】，打开【色彩平衡】对话框，设置参数值如图6-11所示；单击【确定】按钮，得到的效果如图6-12所示。

 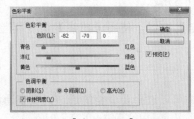 

图 6-10 打开图片　　　　　图 6-11 【色彩平衡】对话框　　　　图 6-12 色彩平衡调整

对话框中常用参数含义如下。

- 色彩平衡：分别用来显示3个滑块的滑块值，也可直接在【色阶】文本框中输入相应的值来调整颜色均衡。
- 色调平衡：包括【阴影】、【中间调】、【高光】3个单选按钮，选中某一选项，就会对相应色调的像素进行调整。勾选【保持明度】复选框，在调整图像色彩时使图像亮度保持不变。

6.2.4 亮度/对比度

【亮度/对比度】命令可以一次性地调整图像中所有像素的亮度和对比度。

打开如图6-13所示的图片，执行【图像】→【调整】→【亮度/对比度】命令，打开【亮度/对比度】对话框，设置参数值如图6-14所示；单击【确定】按钮，得到如图6-15所示的效果。

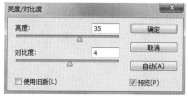

图6-13　打开图片　　　　图6-14　【亮度/对比度】对话框　　　　图6-15　亮度/对比度调整

对话框中常用参数含义如下。

- 亮度：当输入数值为负时，将降低图像的亮度；当输入的数值为正时，将增加图像的亮度；当输入的数值为0时，图像无变化。
- 对比度：当输入数值为负时，将降低图像的对比度；当输入的数值为正时，将增加图像的对比度；当输入的数值为0时，图像无变化。

6.2.5 曝光度

拍摄照片时，有时会因为曝光过度导致图像偏白，或者曝光不足使照片看起来偏暗。使用【曝光度】命令进行调整可以使图像的曝光度恢复正常。

打开如图6-16所示的图片，执行【图像】→【调整】→【曝光度】命令，打开【曝光度】对话框，设置参数值如图6-17所示；单击【确定】按钮，得到如图6-18所示的效果。

图6-16 打开图片

图6-17 【曝光度】对话框

图6-18 曝光度调整

在【曝光度】对话框中，勾选【预览】复选框后，调节参数时，可以在图像窗口中看到曝光度调整后的预览效果。

6.2.6 自然饱和度

【自然饱和度】命令用于调整色彩饱和度，可在增加饱和度的同时防止颜色过于饱和而出现溢色，常用于人像处理。

打开如图6-19所示的图片，执行【图像】→【调整】→【自然饱和度】命令，在打开的【自然饱和度】对话框中设置参数值，如图6-20所示；单击【确定】按钮，得到如图6-21所示的效果。

图6-19 打开图片

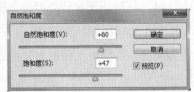

图6-20 【自然饱和度】对话框

图6-21 自然饱和度调整

▌▌课堂范例——调整曝光不足的图像

步骤01 按【Ctrl+O】组合键，打开配套下载资源中的"素材文件\第6章\美女.jpg"文件，如图6-22所示。执行【图像】→【调整】→【色阶】命令，打开【色阶】对话框，在对话框中设置参数，如图6-23所示；单击【确定】按钮，得到如图6-24所示的图像效果。

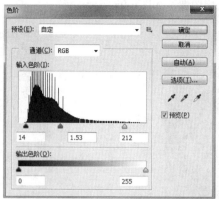

图 6-22　素材　　　　　　　　　图 6-23　【色阶】对话框　　　　　　图 6-24　图像效果

 再继续调亮，执行【图像】→【调整】→【曲线】命令，打开【曲线】
对话框，向上拖动曲线，如图6-25所示；单击【确定】按钮，得到如图6-26所示的图像
效果。

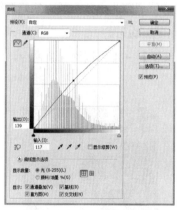

图 6-25　【曲线】对话框　　　　　　　　　图 6-26　调整后的图像效果

6.3 色彩和色调的特殊调整

本节主要介绍了反相、色调均化、阈值、色调分离、渐变映射、去色等调整图像
特殊色的方法。

6.3.1 反相

【反相】命令用于反转图像中的颜色。在对图像进行反相时，通道中每个像素的亮度
值都会转换为256级颜色值刻度上相反的值。

打开如图6-27所示的图片，执行【图像】→【调整】→【反相】命令，或按【Ctrl+I】组合键，即可反相图像，如图6-28所示。

图6-27　打开图片

图6-28　反相图像

6.3.2　色调均化

【色调均化】命令重新分布像素的亮度值，最亮的值调整为白色，最暗的值调整为黑色，中间值则重新均匀分布。调整后，整体图像色调更加均匀。

打开如图6-29所示的图片，执行【图像】→【调整】→【色调均化】命令，即可完成图像色调均化，效果如图6-30所示。

图6-29　打开图片

图6-30　色调均化效果

6.3.3　阈值

使用【阈值】命令可以将灰度或彩色图像转换为高对比度的黑白图像。指定某个色阶作为阈值，所有比阈值色阶亮的像素转换为白色，反之转换为黑色。

打开如图6-31所示的图片，执行【图像】→【调整】→【阈值】命令，打开【阈值】

对话框，设置参数值如图6-32所示；单击【确定】按钮，得到如图6-33所示的效果。

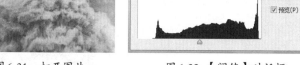

图6-31 打开图片　　图6-32 【阈值】对话框　　图6-33 阈值效果

在【阈值】对话框中，【阈值色阶】的数值范围为1~255。取值为1时，图像为全白；取值为255时，图像为全黑。通过调节【阈值色阶】可以去掉中间色的数量。

6.3.4 色调分离

使用【色调分离】命令可以按照指定的色阶数减少图像的颜色，从而简化图像内容。如在RGB图像中指定两个色调级可以产生6种颜色：两种红色、两种绿色和两种黄色。

打开如图6-34所示的图片，执行【图像】→【调整】→【色调分离】命令，打开【色调分离】对话框，设置参数值如图6-35所示；单击【确定】按钮，得到如图6-36所示的效果。

图6-34 打开图片　　图6-35 【色调分离】对话框　　图6-36 色调分离效果

6.3.5 渐变映射

使用【渐变映射】命令可以使图像体现出渐变的图像效果，可以使用渐变工具中的各种渐变方式对图像的颜色进行调整。其具体操作方法如下。

步骤01　打开如图6-37所示的图片，执行【图像】→【调整】→【渐变映射】命令，打开【渐变映射】对话框。

步骤02　在【灰度映射所用的渐变】栏中单击渐变颜色矩形条右侧的三角形按钮，在弹出的颜色选取框中选择一种渐变色，如【蓝,红黄渐变】，如图6-38所示；单击【确定】按钮，得到如图6-39所示的效果。

图6-37　打开图片　　　　图6-38　【渐变映射】对话框　　　　图6-39　渐变映射效果

6.3.6　去色

　　【去色】命令可除去图像中的饱和度信息。执行【图像】→【调整】→【去色】命令，或按【Shift+Ctrl+U】组合键即可。

图像的高级调整

本节主要介绍了色相/饱和度、阴影/高光、匹配颜色、替换颜色、可选颜色等调整图像高级颜色的方法。

6.4.1　色相/饱和度

　　【色相/饱和度】命令可以调整图像中单个颜色成分的色相、饱和度和亮度，这也是色彩的三要素，还可以通过给像素指定新的色相和饱和度，使灰度图像添加颜色。其具体操作步骤如下。

　　打开如图6-40所示的图片，执行【图像】→【调整】→【色相/饱和度】命令，打开【色相/饱和度】对话框，设置参数值如图6-41所示；单击【确定】按钮，得到如图6-42所示的效果。

　　对话框中常用参数含义如下。

图 6-40 打开图片　　　　图 6-41 【色相/饱和度】对话框　　　　图 6-42 图像效果

- 色相：拖动【色相】滑动杆上的滑块，或者在【色相】文本框中输入数值可以更改所选颜色范围的色相，色相的调节范围是 -180 ～ +180。
- 饱和度：将【饱和度】滑动杆上的滑块向右拖动，可以增强所选颜色范围的饱和度；向左拖动，则可以降低所选颜色范围的饱和度，饱和度的取值范围为 -100 ～ +100。
- 明度：将【明度】滑动杆上的滑块向右拖动，可以提高所选颜色范围的亮度；向左拖动，则可以降低所选颜色范围的亮度。

6.4.2 阴影/高光

【阴影/高光】命令适用于校正由强逆光而形成剪影的照片，或者校正由于太接近相机闪光灯而有些发白的焦点。在用其他方式采光的图像中，这种调整也可用于使阴影区域变亮，同时保持照片的整体平衡。其具体操作步骤如下。

打开如图 6-43 所示的图片，执行【图像】→【调整】→【阴影/高光】命令，打开【阴影/高光】对话框，设置参数值如图 6-44 所示；单击【确定】按钮，得到如图 6-45 所示的效果。

图 6-43 打开图片　　　　图 6-44 【阴影/高光】对话框　　　　图 6-45 图像效果

对话框中常用参数含义如下。

- 【阴影/高光】命令不是简单地使图像变亮或变暗，它基于阴影或高光中的周围像素（局部相邻像素）增亮或变暗。正因为如此，阴影和高光都有各自的控制选项。
- 数量：控制（分别用于图像中的高光值和阴影值）要进行的校正量。
- 半径：控制每个像素周围的局部相邻像素的大小。相邻像素用于确定像素是在阴影中，还是在高光中。
- 色调宽度：控制阴影或高光中色调的修改范围。较小的值会限制只对较暗区域进行阴影校正的调整，并只对较亮区域进行高光校正的调整。
- 显示更多选项：勾选该复选框后，会出现更为精细的参数设置，如下所示。
- 中间调对比度：调整中间调中的对比度。向左移动滑块会降低对比度，向右移动滑块会增加对比度。
- 颜色校正：调整图像的整体饱和度。
- 修剪黑色和修剪白色：指定在图像中会将多少阴影和高光剪切到新的极端阴影（色阶为0）和高光（色阶为255）颜色。值越大，生成的图像的对比度越大。

6.4.3 匹配颜色

【匹配颜色】命令可以匹配不同图像之间、多个图层之间或者多个颜色选区之间的颜色。它还允许通过更改亮度和色彩范围来调整图像中的颜色。【匹配颜色】命令仅适用于 RGB 模式。其具体操作步骤如下。

步骤01 打开如图6-46所示的两张图片，选中"铁塔"文件，执行【图像】→【调整】→【匹配颜色】命令，打开【匹配颜色】对话框。

图6-46 打开图片

步骤02 在【源】下拉列表框中，选择"女孩"文件，如图6-47所示；单击【确定】按钮，效果如图6-48所示。在【匹配颜色】对话框中【目标】是进行颜色匹配的目标文件，【源】是进行颜色匹配的源文件。

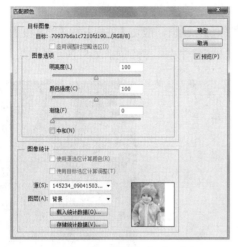

图6-47　【匹配颜色】对话框

图6-48　匹配颜色

对话框中常用参数含义如下。

- 应用调整时忽略选区：勾选该复选框后，软件会将调整应用到整个目标图层上，而忽略图层中的选区。
- 明亮度：调整当前图层中图像的亮度。
- 颜色强度：调整图像中颜色的饱和度。
- 渐隐：拖动滑块，可控制应用到图像中的调整量。
- 中和：勾选该复选框，可自动消除目标图像中色彩的偏差。
- 使用源选区计算颜色：勾选该复选框，可使用源图像中的选区的颜色计算调整度。取消勾选该复选框，则会忽略图像中的选区，使用源图层中的颜色计算调整度。
- 使用目标选区计算调整：勾选该复选框，使用目标图层中选区的颜色计算调整度。
- 源：在其下拉列表中选择要将其颜色匹配到目标图像中的源图像。
- 图层：在该下拉列表中选择源图像中带有需要匹配的颜色的图层。
- 载入统计数据(O)...：用于载入已存储的设置文件。
- 存储统计数据(V)...：单击该按钮，可保存所做的设置。
- 预览：勾选该复选框，在进行调整时图像会随时更新。

6.4.4　替换颜色

【替换颜色】命令用于替换图像中某个特定范围的颜色，可以调整该颜色的色相、饱和度和亮度值。其具体操作步骤如下。

步骤01 打开如图6-49所示的图片，执行【图像】→【调整】→【替换颜色】命令，打开【替换颜色】对话框，用吸管工具在图像中单击需要替换的颜色，得到所要进行修改的区域，显示为白色。

步骤02 然后拖动【颜色容差】滑块调整颜色范围值，拖动【色相】和【饱和度】滑块，直到得到需要的颜色，如图6-50所示；单击【确定】按钮，得到如图6-51所示的效果。

图6-49　打开图片　　　　图6-50　【替换颜色】对话框　　　图6-51　替换颜色效果

6.4.5　可选颜色

【可选颜色】命令可以更改图像中主要颜色成分的颜色浓度，可以有选择性地修改某一种特定的颜色，而不影响其他色相。

打开如图6-52所示的图片，执行【图像】→【调整】→【可选颜色】命令。打开【可选颜色】对话框，设置参数值如图6-53所示；单击【确定】按钮，得到如图6-54所示的效果。

图6-52　打开图片　　　　图6-53　【可选颜色】对话框　　　图6-54　可选颜色效果

对话框中常用参数含义如下。

- 颜色：设置要调整的颜色，包括【红色】、【黄色】、【绿色】、【青色】、【蓝色】、

【白色】、【洋红】、【中性色】、【黑色】等颜色选项。

- 方法：选择增减颜色模式。选择【相对】单选按钮，按CMYK总量的百分比来调整颜色；选择【绝对】单选按钮，按CMYK总量的绝对值来调整颜色。

6.4.6　通道混合器

【通道混合器】命令可以使用当前颜色通道的混合来修改颜色通道。

打开如图6-55所示的图片，执行【图像】→【调整】→【通道混合器】命令，打开【通道混合器】对话框，设置参数值如图6-56所示；单击【确定】按钮，得到如图6-57所示的效果。

图 6-55　打开图片　　　　图 6-56　【通道混合器】对话框　　　　图 6-57　调整后效果

对话框中常用参数含义如下。

- 输出通道：在其下拉列表中可以选择要调整的颜色通道。若打开的是RGB色彩模式的图像，则列表中的选项为【红】、【绿】、【蓝】三原色通道；若打开的是CMYK色彩模式的图像，则列表中的选项为【青色】、【洋红】、【黄色】、【黑色】4种颜色通道。

- 源通道：用鼠标拖动滑块或直接在右侧的文本框中输入数值来调整源通道在输出通道中所占的百分比，其取值在-200%~200%。

- 常数：用鼠标拖动滑块或在右侧的文本框中输入数值，可改变输出通道的不透明度。其取值在-200%~200%。输入负值时，通道的颜色偏向黑色；输入正值时，通道的颜色偏向白色。

- 单色：勾选该复选框，将彩色图像变成只含灰度值的灰度图像。

6.4.7　变化

【变化】命令在调整图像颜色的过程中，能够看到图像调整前和调整后的缩览图。打开如图6-58所示的图片，执行【图像】→【调整】→【变化】命令，打开【变化】对话框，单击颜色预览图即可添加色相，如图6-59所示；单击【确定】按钮，得到如图6-60所示的效果。

 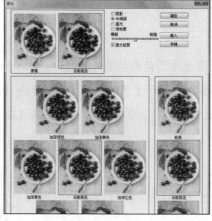 

图6-58 打开图片   图6-59 【变化】对话框   图6-60 图像效果

对话框中常用参数含义如下。

- 暗调、中间色调、高光：这3个单选按钮用于选择要调整像素的亮度范围。
- 饱和度：设置图像颜色的鲜艳程度。
- 精细/粗糙：控制图像调整时的幅度，向【粗糙】项靠近一格，幅度就增大一倍。向【精细】项靠近一格，幅度就减小一半。
- 显示修剪：决定是否显示图像中颜色溢出的部分。

6.4.8 黑白

【黑白】命令可以将彩色图像转换为灰度图像，它可以控制黑色图像的色调深浅。打开如图6-61所示的图片，执行【图像】→【调整】→【黑白】命令，打开【黑白】对话框，设置参数值如图6-62所示；单击【确定】按钮，得到如图6-63所示的效果。

图6-61 打开图片   图6-62 【黑白】对话框   图6-63 图像效果

课堂范例——将春景变为秋景

步骤01　按【Ctrl+O】组合键，打开本书配套下载资源中的"素材文件\第6章\春景.jpg"文件，如图6-64所示。

步骤02　执行【图像】→【调整】→【通道混合器】命令，打开【通道混合器】对话框，在对话框中设置参数如图6-65所示；单击【确定】按钮，得到如图6-66所示的图像效果。

图6-64　打开素材

图6-65　【通道混和器】对话框

步骤03　执行【图像】→【调整】→【色相/饱和度】命令，打开【色相/饱和度】对话框，在对话框中设置参数，如图6-67所示；单击【确定】按钮，得到如图6-68所示的图像效果。

图6-66　图像效果1

图6-67　【色相/饱和度】对话框

图6-68　图像效果2

课堂问答

在学习了本章有关图像色彩的调整的相关内容后，还有哪些需要掌握的难点知识呢？下面将为读者讲解本章的疑难问题。

问题 ❶ : 为什么将图像调亮了以后会出现很多噪点?

答:如果照片曝光不足,调亮以后的噪点是不可避免的,也是无法弥补的,特别是在晚上拍的照片。这跟光学特性有关系,只有提高技术水平,尽量让前期曝光准确。

问题 ❷ : 调整图层与调整命令有何区别?

答:调整图层与调整命令有以下区别。

①使用调整图层编辑图像,生成新的图层,不会对图像造成破坏。

②可以在【属性】面板中随时对调整图层进行修改。

问题 ❸ : 如何使用直方图查看图片的明暗分布情况?

答:执行【窗口】→【直方图】命令,即可打开【直方图】面板。直方图中的色阶主要是看图片的明暗数据的分布,通过色阶可以知道一幅图片的明暗分布是怎样的,如图6-69所示。

曝光适当时,表示亮度的直方图横轴上的波峰基本在中心位置,波峰形态也很规则。曝光不足时,波峰向左大幅倾斜,表示昏暗部分较多。曝光过度时,直方图整体向右大幅偏移。

曝光适当 　　　　　　　曝光不足 　　　　　　　曝光过度

图6-69　直方图

📷 上机实战——处理偏色的照片

为了让读者巩固本章知识点,下面讲解一个技能综合案例。

处理偏色照片的效果展示如图6-70所示。

效果展示

图6-70　处理偏色照片的效果展示

本例介绍了处理偏色照片的方法，主要使用了【照片滤镜】命令，设置的颜色为所偏颜色的互补色，再使用【色阶】命令调整照片亮度。

制作步骤

步骤01 按【Ctrl+O】组合键，打开配套下载资源中的"素材文件\第6章\偏色照片.jpg"文件，如图6-71所示，可以看到照片偏黄色。

步骤02 在【图层】面板中单击【创建新的填充或调整图层】按钮 ⊘ ，在弹出的菜单中选择【照片滤镜】命令，打开【照片滤镜】对话框，在对话框中设置颜色为黄色的互补色蓝色，浓度为28%，如图6-72所示；单击【确定】按钮，得到如图6-73所示的图像效果。

图6-71 打开素材

图6-72 【照片滤镜】对话框

步骤03 在【图层】面板中单击【创建新的填充或调整图层】按钮 ⊘ ，在弹出的菜单中选择【色阶】命令，打开【色阶】对话框，在对话框中设置参数如图6-74所示。

图6-73 图像效果

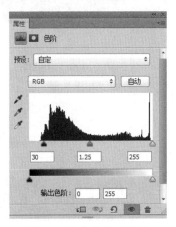

图6-74 【色阶】对话框

步骤04 单击【确定】按钮，将图像调亮，得到如图6-75所示的图像效果。在【图层】面板中自动生成调整图层，如图6-76所示。

图 6-75　将图像调亮

图 6-76　自动生成调整图层

⊕ 同步训练——调整照片梦幻色调

　　为了增强读者的动手能力，下面安排一个同步训练案例，让读者达到举一反三，触类旁通的学习效果。

　　调整照片梦幻色调的图解流程如图6-77所示。

图解流程

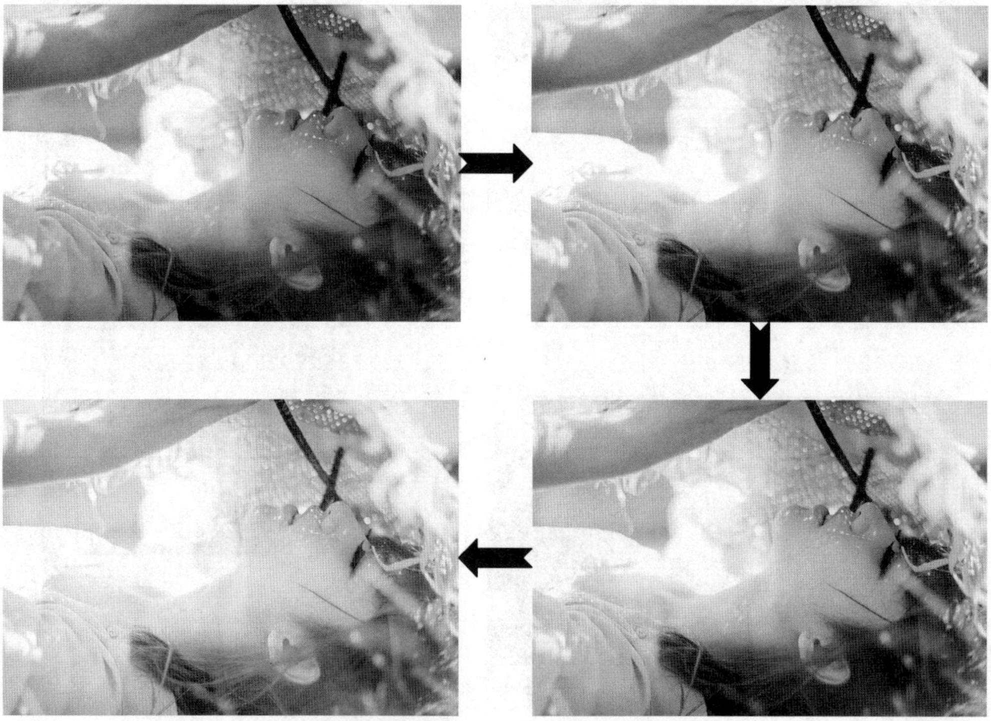

图 6-77　调整照片梦幻色调的图解流程

本例介绍了调整照片梦幻色调的方法，先使用Photoshop中的【曲线】命令调整色调，再使用画笔工具和图层混合模式制作柔和的图像。

步骤01 　按【Ctrl+O】组合键，打开配套下载资源中的"素材文件\第6章\美女2.jpg"文件，如图6-78所示。

步骤02 　执行【图像】→【调整】→【曲线】命令，在打开的【曲线】对话框中分别调整RGB通道、R通道、G通道、B通道，如图6-79所示。

图 6-78　打开素材

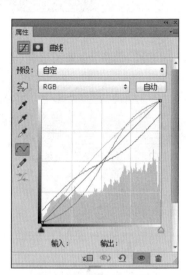

图 6-79　【曲线】对话框

步骤03 　单击【确定】按钮，照片色调如图6-80所示。选择工具箱中的【画笔工具】 　，设置前景色为红色，画笔为柔边，在照片左右涂抹，得到如图6-81所示的效果。

图 6-80　照 片 色 调

图 6-81　在照片左右涂抹

步骤04 　设置图层混合模式为【线性减淡】，【不透明度】为63%，效果如图6-82

所示。选择工具箱中的【画笔工具】 ![brush icon]，设置前景色为白色，画笔为柔边，在图像上单击，得到一个柔边白色圆，如图6-83所示。

图6-82　图像效果

图6-83　柔边白色圆

步骤05 设置图层混合模式为【柔光】，如图6-84所示，最终效果如图6-85所示。

图6-84　设置图层混合模式为【柔光】

图6-85　最终效果

🖋 知识与能力测试

本章介绍了Photoshop调整图像色彩的方法，为对知识进行巩固和考核，布置相应的练习题。

一、填空题

1．Photoshop通过执行_____子菜单中的命令，来转换需要的颜色模式。

2．_____命令用于调整色彩的饱和度，可在增加饱和度的同时防止颜色过于饱和而出现溢色，常用于人像处理。

二、选择题

1．色阶表示一幅图像（　　）的分布情况。

    A．高光　　　　　　　B．色调　　　　　　　C．暗调　　　　　　　D．中间调

2．使用（　　）命令可以对图像色彩、亮度、对比度综合调整，使画面色彩更为和谐。

　　　A.【色相/饱和度】　B.【匹配颜色】　　C.【曲线】　　　　D.【色阶】

三、简答题

1．在 Photoshop 中调整图片亮度的常用命令有哪些？

2．色彩的三要素是什么，使用什么命令可以调整色彩的三要素？

CS6
PHOTOSHOP

第7章
路径的绘制与编辑

在 Photoshop 中可以通过路径精确地编辑所创建选区的形状，可以对路径添加和删除，可以将路径和选区进行转换，还可以填充和描边路径。学习了本章后，读者应了解路径的概念，熟练使用创建路径的工具，掌握【路径】面板的使用。

学习目标

- 认识路径并掌握【路径】面板的使用
- 熟练掌握绘制直线与曲线的方法
- 熟练掌握绘制形状的方法
- 熟练掌握编辑路径的方法

7.1 路径的简介

路径是不可打印的，是由若干锚点、线段（直线段或曲线段）所构成的矢量线条。路径由一个或多个直线段或曲线段组成，用锚点标记路径的端点，通过锚点可以固定路径、移动路径、修改路径长短，也可改变路径的形状。

7.1.1 路径的组成

路径可以是闭合的，也可以是开放的。路径由锚点、线段和方向线组成，如图7-1所示。

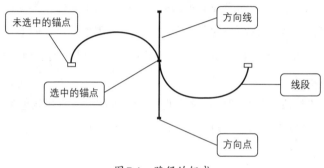

图7-1 路径的组成

1. 锚点

锚点又称为节点。在绘制路径时，线段与线段之间由一个锚点连接，锚点本身具有直线或曲线属性。当锚点显示为白色空心时，表示该锚点未被选取；而当锚点为黑色实心时，表示该锚点为当前选取的点。

2. 线段

两个锚点之间连接的部分就称为线段。如果线段两端的锚点都带有直线属性，则该线段为直线；如果任意一端的锚点带有曲线属性，则该线段为曲线。当改变锚点的属性时，通过该锚点的线段也会被影响。

3. 方向线

当用直接选择工具或转换节点工具选取带有曲线属性的锚点时，锚点的两侧便会出现方向线。用鼠标拖曳方向线末端的方向点，即可改变曲线段的弯曲程度。

7.1.2 【路径】面板

执行【窗口】→【路径】命令，可打开【路径】面板，如图7-2所示。通过【路径】面板可以查看当前路径的形态。

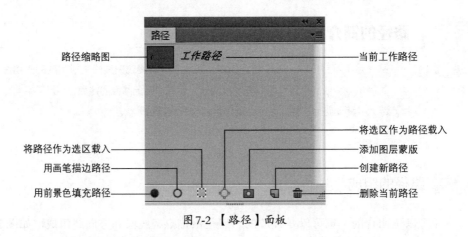

路径缩略图 ——————— 工作路径 ——————— 当前工作路径

将路径作为选区载入 ———
用画笔描边路径 ———
用前景色填充路径 ———

将选区作为路径载入 ———
添加图层蒙版 ———
创建新路径 ———
删除当前路径 ———

图7-2 【路径】面板

【路径】面板中各参数含义如下。

- 当前工作路径：选中的路径显示为蓝色，所有的编辑操作都是针对当前路径的。

- 路径缩略图：显示该路径的预览缩略图，可以观察到路径的形状。

- 【用前景色填充路径】按钮●：单击此按钮，可以用当前前景色填充路径，如图7-3所示。

- 【用画笔描边路径】按钮○：单击此按钮，将使用当前前景色和设置好的画笔工具进行路径描边，如图7-4所示。也可按住【Alt】键不放，在打开的对话框中选择其他描边工具。

图7-3 用前景色填充路径

图7-4 用画笔描边路径

- 【将路径作为选区载入】按钮▦：单击此按钮，当前路径可以转换成选区载入。

- 【将选区作为路径载入】按钮◇：单击此按钮，当前图像选区可以转换成路径形状。

- 添加图层蒙版：以当前路径为选区，创建图层蒙版。

- 【创建新路径】按钮▢：单击此按钮，将建立一个新路径。

- 【删除当前路径】按钮▥：可以删除当前选择的工作路径。

7.2 绘制直线与曲线

本节将介绍使用钢笔工具与自由钢笔工具绘制直线与曲线的方法。

7.2.1 钢笔工具

钢笔工具是常用的一种路径绘制工具，在一般情况下，它可以在图像上快速创建各种不同形状的路径。

1.【钢笔工具】选项栏

选择工具箱中的【钢笔工具】 ，其选项栏如图7-5所示。

图7-5 【钢笔工具】选项栏

选项栏中常用参数含义如下。

- 绘制方式：该选项包括3个选项，分别为【形状】、【路径】、【像素】。选择【形状】选项，可创建形状图层，形状图层可以理解为带形状剪贴路径的填充图层，图层中间的填充色默认为前景色；选择【路径】选项，绘制的路径则会保存在【路径】面板中；选择【像素】选项，则会在图层中为绘制的形状填充前景色。

- 建立：包括【选区】、【蒙版】和【形状】3个选项，单击相应的按钮，可以将路径转换为相应的对象。

- 路径操作：单击【路径操作】按钮，将打开下拉列表，选择【合并形状】，新绘制的图形会添加到现有的图形中；选择【减去图层形状】，可从现有的图形中减去新绘制的图形；选择【与形状区域相交】，得到的图形为新图形与现有图形的交叉区域；选择【排除重叠区域】，得到的图形为合并路径中排除重叠的区域。

- 路径对齐方式：可以选择多个路径的对齐方式，包括【左边】、【水平居中】、【右边】等。

- 路径排列方式：选择路径的排列方式，包括【将路径置为顶层】、【将形状前移一层】等选项。

- 橡皮带：单击【橡皮带】按钮，可以打开下拉列表，勾选【橡皮带】复选框，当在图像上移动鼠标指针时，会有一条假想的线段，只有在单击鼠标时，这条线段才会真正存在。

- 自动添加/删除：勾选该复选框，将钢笔工具放在选取的路径上，光标即可变成

形状，表示可以增加锚点；而将钢笔工具放在选中的锚点上，光标即可变成
形状，表示可以删除此锚点。

2. 绘制直线路径

使用钢笔工具可以绘制直线路径，根据路径节点依次单击即可。

选择工具箱中的【钢笔工具】 ，在图像窗口中单击鼠标，确定路径的起始点，如图7-6所示。在下一目标处单击，即可在这两点间创建一条直线段，如图7-7所示。

通过相同操作依次确定路径的相关节点。将光标放置在路径的起始点上，当指针变成 形状时，单击即可创建一条闭合的直线路径。

温馨提示

在单击确定路径的锚点位置时，若同时按住【Shift】键，线段会以45°的倍数移动方向。

图7-6　单击　　　　　图7-7　绘制直线路径

3. 绘制曲线路径

选择工具箱中的【钢笔工具】 ，在单击确定路径锚点时可以按住鼠标左键拖曳锚点，这样，两个锚点间的线段为曲线线段，具体操作方法如下。

步骤01 　使用钢笔工具在确定的起始位置按住鼠标左键，当第二个锚点出现时，沿曲线绘制的方向拖动。此时，指针会变为一个三角形，并导出两个方向点中的一个，如图7-8所示。

步骤02 　若要创建曲线的下一个平滑线段，将指针放在下个线段结束的位置，然后拖动鼠标创建下一曲线，如图7-9所示；若要结束开放路径，单击工具箱中的钢笔工具图标即可。此时，若再次在图像中单击鼠标，将会另外创建路径。

步骤03 　如果要绘制闭合的路径，可以将光标移动到第一个锚点处，即路径的起始点，使光标形状由 变成 。单击鼠标即可建立封闭的路径，便可得到一个封闭路径的造型。

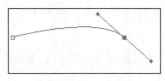

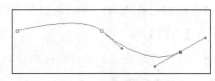

图7-8　拖动锚点　　　　　图7-9　完成曲线绘制

技能拓展

在绘制过程中按住【Ctrl】键，当光标变成 形状时拖动方向点，或者选择工具箱中的【直接选择工具】 来拖动方向点，即可改变方向线的长短。

7.2.2 自由钢笔工具

自由钢笔工具用于绘制比较随意的图形，它的使用方法与套索工具相似。选择工具箱中的【自由钢笔工具】 ，选项栏如图7-10所示。

图7-10 【自由钢笔工具】选项栏

勾选【磁性的】复选框，在绘制路径时，可仿照磁性套索工具的用法设置平滑的路径曲线，对创建具有轮廓的图像的路径很有帮助。

使用自由钢笔工具绘制自由路径，具体操作步骤如下。

步骤01 在图像中单击确定起点，按住鼠标左键绘制自由路径，如图7-11所示。完成路径绘制后，释放鼠标左键，结束路径的创建。

步骤02 若要绘制闭合的路径，只需按住鼠标左键，在起始点与终止点之间拖曳出一条路径将这两端连接起来即可，如图7-12所示。

图7-11 拖动鼠标左键

图7-12 完成绘制

■■ 课堂范例——抠取背景复杂的图像

步骤01 按【Ctrl+O】组合键，打开本书配套下载资源中的"素材文件\第7章\花.jpg"文件，如图7-13所示。

步骤02 选择工具箱中的【钢笔工具】 ，并选择该选项栏中的【路径】选项，绘制如图7-14所示的路径。此时，在【路径】面板会自动生成工作路径，如图7-15所示。

图7-13 打开素材

图7-14 绘制路径

图7-15 生成工作路径

步骤03 按【Ctrl+Enter】组合键，将路径转换为选区，如图7-16所示。按【Ctrl+Shift+I】组合键，反选选区，如图7-17所示。设置前景色为浅黄色，新建图层，按【Alt+Delete】组合键填充前景色。按【Ctrl+D】组合键，取消选区，最终效果如图7-18所示。

图7-16　将路径转换为选区　　　图7-17　反选选区　　　图7-18　最终效果

7.3 绘制形状

使用形状工具可以绘制一些特殊的形状路径，工具组中包括矩形工具、圆角矩形工具、椭圆工具、多边形工具、直线工具和自定形状工具。右击工具箱中的【自定形状工具】按钮，即可显示出形状工具组，如图7-19所示。

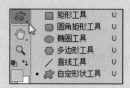

图7-19　形状工具组

7.3.1 矩形工具

选择工具箱中的【矩形工具】，其选项栏如图7-20所示。将鼠标指针移至图像中适当的位置，按下左键通过拖移的方式即可创建一个矩形。

图7-20　【矩形工具】选项栏

在【矩形工具】选项栏中有【路径】、【像素】、【形状】3种类型，下面分别介绍。

1. 选择【路径】

在选项栏中选择【路径】，按住鼠标左键不放拖动绘制矩形路径，如图7-21所示。

【图层】面板无变化，如图7-22所示；在【路径】面板自动生成工作路径，如图7-23所示。

图7-21　绘制矩形　　　　　图7-22　【图层】面板　　　　　图7-23　【路径】面板

2. 选择【像素】

在选项栏中选择【像素】，如图7-24所示；按住鼠标左键不放拖动绘制矩形，如图7-25所示，矩形颜色为前景色。绘制的矩形在【图层】面板的【背景】图层上，如图7-26所示，在【路径】面板无工作路径，如图7-27所示。

图7-24　选择【像素】

图7-25　绘制矩形　　　　　图7-26　【图层】面板　　　　　图7-27　【路径】面板

3. 选择【形状】

在选项栏中选择【形状】，如图7-28所示；按住鼠标左键不放拖动绘制矩形，如图7-29所示，矩形颜色在选项栏中可设置。绘制的矩形在【图层】面板中自动生成一个新的图层，如图7-30所示；在【路径】面板自动生成工作路径，如图7-31所示。

图7-28　选择【形状】

图7-29　绘制矩形　　　　　　图7-30　【图层】面板　　　　　　图7-31　【路径】面板

单击选项栏中 描边:  按钮右下角的三角形按钮，在弹出的【描边颜色】面板中可以选择描边的颜色，如图7-32所示，在 3点 文本框中可以设置描边的大小，描边后的效果如图7-33所示。

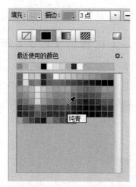

图7-32　选择描边色　　　　　　　　图7-33　描边路径

在【描边颜色】面板中还可以选择对路径进行渐变色和图案的填充，如图7-34和图7-35所示。

图7-34　描边渐变色　　　　　　　　图7-35　描边图案

单击选项栏中的 按钮，在弹出的面板中可以选择描边的样式，如图7-36所示；样式效果如图7-37所示。

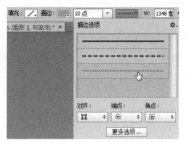

图7-36 选择样式

图7-37 描边效果

单击选项栏中 ✿ 右下角的 ▼ 按钮，弹出如图7-38所示的【矩形选项】面板，在面板中可以设定矩形的大小和比例等选项。

图7-38 【矩形选项】面板

面板中参数含义如下。

- 不受约束：选中此单选按钮，可绘制尺寸不受限制的矩形。
- 方形：选中此单选按钮，可绘制正方形。
- 固定大小：选中此单选按钮，可绘制固定尺寸的矩形，其右侧的W、H文本框分别用于输入矩形的宽度和高度。
- 比例：选中此单选按钮，可绘制固定宽、高比的矩形。其右侧的W、H文本框分别用于输入矩形的宽度与高度之间的比值。
- 从中心：勾选此复选框，在绘制矩形时从图形的中心开始绘制。

7.3.2 圆角矩形工具

圆角矩形工具的选项栏与矩形工具相似，选择工具箱中的【圆角矩形工具】 ▢，【圆角矩形工具】选项栏如图7-39所示，其选项栏增加了一个【半径】选项，【半径】选项用于设置所绘制矩形的4个角的圆弧半径，输入的数值越小，4个角越尖锐。

图7-39 【圆角矩形工具】选项栏

设置好参数后，拖动鼠标即可绘制一个圆角矩形，如图7-40所示。

图7-40 绘制圆角矩形

7.3.3 椭圆工具

选择工具箱中的【椭圆工具】 ⬭，其选项栏如图7-41所示。拖动鼠标即可绘制椭圆，如图7-42所示。按住【Shift】键可以绘制正圆，如图7-43所示。

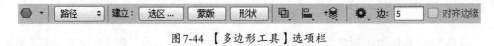

图7-41 【椭圆工具】选项栏

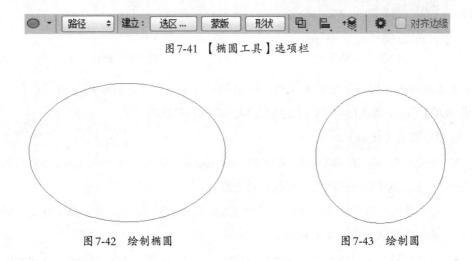

图 7-42 绘制椭圆　　　　　　　　　图 7-43 绘制圆

7.3.4 多边形工具

选择工具箱中的【多边形工具】 ⬡，其选项栏如图7-44所示。

图7-44 【多边形工具】选项栏

单击选项栏中 ⚙ 右下角的 ▼ 按钮，可打开如图7-45所示的面板。

面板中常用参数含义如下。

- 边：用于设置所绘制多边形的边数，必须在绘制前设置好。

- 半径：用于设置多边形的中心到各顶点的距离，即确定多边形的大小。

图7-45 【多边形选项】设置面板

- 平滑拐角：勾选此复选框将使多边形各边之间实现平滑过渡。

- 星形：勾选此复选框将使多边形的各边向内凹进，以形成星形的形状。

- 缩进边依据：使多边形的各边向内凹进，形成星形的形状。

- 平滑缩进：勾选此复选框将使圆形凹进代替尖锐凹进，此复选框仅在勾选【星形】复选框时才有效。

在面板中设置【边】为8、【半径】为300像素，如图7-46所示，按住鼠标左键不放拖动，绘制多边形，如图7-47所示。按住【Shift】键，可绘制正多边形。

图7-46　设置面板参数　　　　　　　　图7-47　绘制普通的多边形

在面板中设置【边】为8、【半径】为300像素，勾选【星形】复选框，设置【缩进边依据】为50%，如图7-48所示，按住鼠标左键不放拖动，绘制星形，如图7-49所示。

图7-48　设置面板参数　　　　　　　　图7-49　缩进比例为50%的效果

在面板中设置【边】为8、【半径】为300像素，勾选【星形】复选框，设置【缩进边依据】为50%，勾选【平滑缩进】复选框，如图7-50所示；按住鼠标左键不放拖动，绘制星形，如图7-51所示。

图7-50　设置面板参数　　　　　　　　图7-51　平滑缩进效果

7.3.5 直线工具

选择工具箱中的【直线工具】 ，其选项栏如图7-52所示。

图7-52　【直线工具】选项栏

单击选项栏中 ✿ 右下角的 ▼ 按钮，可打开【箭头】设置面板，如图7-53所示。

面板中参数含义如下。

- 起点：勾选该复选框，在线条的起点处带箭头。

- 终点：勾选该复选框，在线条的终点处带箭头。

图7-53　【箭头】设置面板

- 宽度：设置箭头宽度与直线宽度的比率，其范围为10%～1000%。

- 长度：设置箭头长度与直线宽度的比率，其范围为10%～5000%。

- 凹度：设置箭头最宽处的弯曲程度，其取值在-50%～50%，正值为凹，负值为凸。

设置前景色为绿色，在选项栏中选择【像素】，【粗细】为10像素，箭头选为【起点】，在工作区拖动鼠标，绘制出如图7-54所示的直线。

使用直线工具时，若按住【Shift】键不放，能绘制出水平、垂直或45°方向的直线。

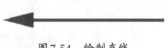

图7-54　绘制直线

7.3.6　自定形状工具

自定形状工具用于绘制各种不规则的形状，用户可以创建各种形状，还可以选择系统提供的多种形状。使用自定形状工具的具体操作步骤如下。

步骤01　选择工具箱中的【自定形状工具】 ✿，单击【形状】按钮 ⟶，在弹出的面板中可选择图案，如图7-55所示。除此之外，面板中还有很多图案，单击面板右上角的 ✿ 按钮，在弹出的面板中可选择其他图案，如【装饰】，如图7-56所示。

图7-55　【图案】面板

图7-56　选择其他图案

步骤02 此时，会弹出如图7-57所示的对话框，单击【确定】按钮，可以替换默认的【图案】面板；单击【追加】按钮，将在默认的【图案】面板后追加图案，图7-58为单击【追加】按钮后的面板。

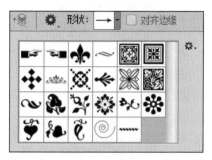

图7-57 提示框 　　　　　　　　　　　　图7-58 【图案】面板

步骤03 若要复位默认的【图案】面板，可单击面板右上角的 按钮，在弹出的菜单中选择【复位形状】命令，如图7-59所示。此时，弹出如图7-60所示的对话框。

图7-59 选择【复位形状】命令 　　　　　　图7-60 提示框

步骤04 单击【确定】按钮，即可恢复默认的面板，如图7-61所示。

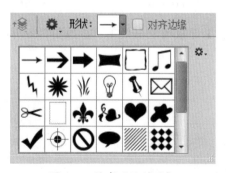

图7-61 恢复默认的面板

课堂范例——绘制鱼图案

步骤01 选择工具箱中的【椭圆工具】 ，并选择该选项栏中的【像素】选项，设置前景色为黄色，按住【Shift】键，拖动光标，绘制如图7-62所示的圆。

步骤02 选择工具箱中的【钢笔工具】 ，并选择该选项栏中的【路径】选项，绘制如图7-63所示的路径。

图7-62 绘制圆

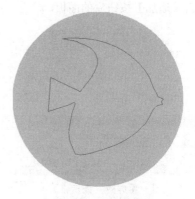

图7-63 绘制路径

步骤03 新建图层，单击【路径】面板中的【用前景色填充路径】按钮 ，如图7-64所示，得到如图7-65所示的效果。

图7-64 单击【用前景色填充路径】按钮

图7-65 用前景色填充

步骤04 在【路径】面板的空白处单击，如图7-66所示，路径将不再显示，如图7-67所示。

图7-66 在【路径】面板的空白处单击

图7-67 路径将不再显示

步骤05 选择工具箱中的【椭圆选框工具】〇，按住【Shift】键，绘制一个正圆的选框，如图7-68所示。按【Delete】键，删除选区内的图形；按【Ctrl+D】组合键，取消选区，最终效果如图7-69所示。

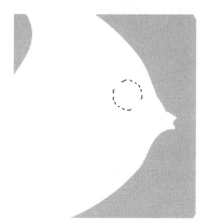

图7-68 绘制一个正圆的选框

图7-69 最终效果

编辑路径

创建路径后，为了添加细节或者美化路径，需要适当地对路径进行修改，本节将介绍如何选择路径、添加/删除锚点、转换锚点等。

7.4.1 添加锚点和删除锚点

在路径中随时可以根据编辑需要，对路径中的锚点进行添加或删除。

选择工具箱中的【添加锚点工具】✐，在路径上单击鼠标左键即可添加一个锚点，如图7-70所示。

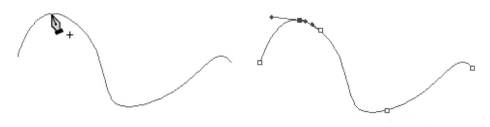

图7-70 添加锚点

选择工具箱中的【删除锚点工具】✐，在路径上单击鼠标左键即可删除一个锚点，如图7-71所示。

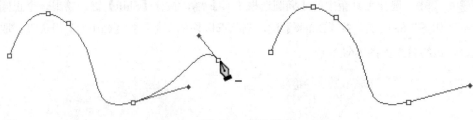

图7-71　删除锚点

7.4.2　转换点工具

选择工具箱中的【转换点工具】，将光标放到如图7-72所示的锚点上，单击鼠标左键，即可将曲线转换为直线，如图7-73所示。在直线段锚点上单击并拖动鼠标左键，又可以将直线转换为曲线，如图7-74所示。

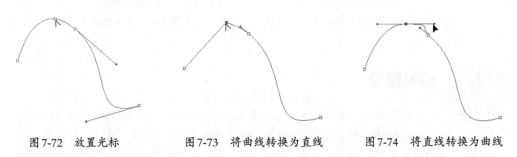

图7-72　放置光标　　　图7-73　将曲线转换为直线　　　图7-74　将直线转换为曲线

7.4.3　选择与移动路径

路径选择工具用于选取一个或多个路径，并可对其进行移动。选择工具箱中的【路径选择工具】，将光标放到路径上，如图7-75所示，按住鼠标左键不放即可移动路径。

图7-75　将光标放到路径上

7.4.4　移动锚点与调整形状

选择工具箱中的【直接选择工具】，将鼠标指针放到如图7-76所示的锚点上，按住鼠标左键不放即可移动锚点，如图7-77所示。将鼠标指针放到方向点上，按住鼠标左键不放拖动，即可调整曲线的形状，如图7-78所示。

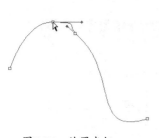

图 7-76　放置光标

图 7-77　移动锚点

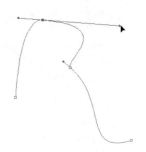

图 7-78　调整曲线的形状

7.4.5　复制路径

在【路径】面板中，单击需要复制的路径，将要复制的路径拖到面板底部的【创建新路径】按钮🔲上，在【图层】面板中将出现一个新的路径显示条，如图 7-79 所示。释放鼠标后即可复制路径，如图 7-80 所示。

图 7-79　拖动路径

图 7-80　复制路径

🎞 课堂范例——制作彩色指甲

步骤01　按【Ctrl+O】组合键，打开本书配套下载资源中的"素材文件\第7章\指甲.jpg"文件，如图 7-81 所示。

步骤02　选择工具箱中的【钢笔工具】🖊️，并选择该选项栏中的【路径】选项，绘制如图 7-82 所示的路径。新建【图层1】，设置前景色为浅蓝色，单击【图层】面板下方的【用前景色填充】按钮🔵，填充前景色，如图 7-83 所示。

图 7-81　打开素材

图 7-82　绘制路径

步骤03 在【路径】面板的空白处单击，路径将不会再显示，如图7-84所示。

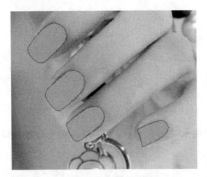

图7-83 用前景色填充

图7-84 在【路径】面板的空白处单击

步骤04 在【图层】面板中设置【图层1】的混合模式为【颜色加深】，效果如图7-85所示。在【图层】面板中设置图层的不透明度为50%，最终效果如图7-86所示。

图7-85 设置混合模式

图7-86 最终效果

课堂问答

在学习了本章有关路径的绘制与编辑的内容后，还有哪些需要掌握的难点知识呢？下面将为读者讲解本章的疑难问题。

问题❶：如何对路径和选区作布尔运算？

答：图7-87中既有路径又有选区。在【路径】面板中选中路径，按住【Alt】键的同时单击【将路径作为选区载入】按钮，如图7-88所示。

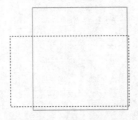

图7-87 路径和选区

图7-88【路径】面板

在弹出的【建立选区】对话框中选择布尔运算操作，如图7-89所示，单击【确定】按钮，即可得到进行布尔运算后的选区，如图7-90所示。

图7-89　建立选区

图7-90　布尔运算后的选区

问题❷：路径选择工具与直接选择工具有何区别？

答：当需要对整体路径进行选择与位置调整时，需要使用路径选择工具。选择该工具后，将鼠标移至需要选择的路径上进行单击，完成对路径的选择，并且可以对选中的路径的位置进行移动。

直接选择工具主要对路径锚点进行选择。在绘制的路径图像上单击鼠标左键，选中该锚点，选中锚点的状态为实心效果。

问题❸：打印图片后路径能看到吗？

答：路径打印出来后是看不到的，用画笔描边后即可显示。

上机实战——给人物换背景

为了让读者巩固本章知识点，下面讲解一个技能综合案例。

给人物换背景的效果展示如图7-91所示。

效果展示

图7-91　给人物换背景的效果展示

思路分析

本例介绍了给人物换背景的方法，先使用钢笔工具在背景处绘制路径，再将路径转换为选区，删除选区内的背景。

制作步骤

步骤01 按【Ctrl+O】组合键，打开本书配套下载资源中的"素材文件\第7章\跳起来.jpg"文件。选择工具箱中的【钢笔工具】 ，并在其选项栏中选择【路径】选项，绘制如图7-92所示的路径。

步骤02 按【Ctrl+Enter】组合键，将路径转换为选区，如图7-93所示。

图7-92　绘制路径

图7-93　将路径转换为选区

步骤03 按【Delete】键，删除选区内的图形；按【Ctrl+D】组合键，取消选区，如图7-94所示。

步骤04 去掉中间的背景。选择工具箱中的【钢笔工具】 ，并在其选项栏中选择【路径】选项，绘制如图7-95所示的路径。按【Ctrl+Enter】组合键，将路径转换为选区。

图7-94　删除选区内的图形

图7-95　绘制路径

步骤05 按【Delete】键，删除选区内的图形；按【Ctrl+D】组合键，取消选区，如图7-96所示。

步骤06 按【Ctrl+O】组合键，打开本书配套下载资源中的"素材文件\第7章\云.jpg"文件，如图7-97所示。选择工具箱中的【移动工具】 ，将人物拖到"云"文件中，如图7-98所示。

图7-96　删除选区内的图形

图7-97　打开素材

步骤07　按【Ctrl+T】组合键，按住【Shift】键，调整人物大小，如图7-99所示。

图7-98　将人物拖到"云"文件中

图7-99　调整人物大小

步骤08　完成后按【Enter】键确定，本例最终效果如图7-100所示。

图7-100　最终效果

同步训练——绘制图标

为了增强读者的动手能力，下面安排一个同步训练案例，让读者达到举一反三，触类旁通的学习效果。

绘制图标的图解流程如图7-101所示。

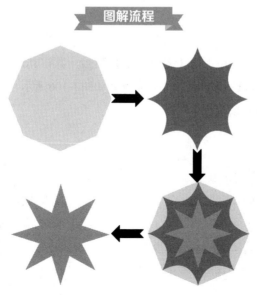

图7-101　绘制图标的图解流程

本例介绍了绘制多彩图标的方法，主要用到了多边形工具，在【多边形选项】设置面板中设置不同的参数，可得到不同的多边形与星形。

步骤01　选择工具箱中的【多边形工具】，并在其选项栏中选择【像素】选项，单击选项栏中的❀按钮，在【多边形选项】设置面板中设置参数如图7-102所示。设置前景色为黄色，新建图层，按住【Shift】键，绘制如图7-103所示的正多边形。

图7-102　在面板中设置参数　　　　　　图7-103　绘制正多边形

步骤02　选择工具箱中的【多边形工具】，并在其选项栏中选择【像素】选项，单击选项栏中的❀按钮，在面板中设置参数如图7-104所示。设置前景色为洋红色，新建图层，绘制如图7-105所示的星形。

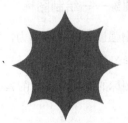

图7-104　在面板中设置参数　　　　　　图7-105　绘制星形

步骤03　选择工具箱中的【多边形工具】，并在其选项栏中选择【像素】选项，单击选项栏中的❀按钮，在面板中设置参数如图7-106所示。设置前景色为蓝色，新建图层，绘制如图7-107所示的星形。

图7-106　在面板中设置参数　　　　　　图7-107　绘制星形

步骤04 选择工具箱中的【移动工具】▶╋，同时选中3个图形所在的图层，如图7-108所示，单击选项栏中的【垂直居中】按钮▮▮和【水平居中】按钮▮，居中对齐图形，最终效果如图7-109所示。

图7-108 在面板中设置参数

图7-109 最终效果

知识与能力测试

本章介绍了Photoshop路径的绘制与编辑，为对知识进行巩固和考核，布置相应的练习题。

一、填空题

1．路径是矢量图形，是由_____、_____和_____3方面组成的。

2．单击_____按钮，可以在【路径】面板上创建新路径。

3．选择工具箱中的_____工具，在路径上单击鼠标左键即可以添加一个锚点；选择工具箱中的_____工具，在路径上单击鼠标左键即可删除一个锚点。

二、选择题

1．在Photoshop中，路径实质上是以（   ）方式定义的线条轮廓。

A．矢量   B．图形   C．图像   D．边缘

2．按（   ）组合键可以将创建的路径转换为选区。

A．【Shift+Enter】   B．【Ctrl+Enter】   C．【Alt+Enter】   D．【Enter】

三、简答题

1．当需要调整曲线一端的形状，另一端形状不变化时，应如何操作？

2．在Photoshop中如何复制路径？

CS6
PHOTOSHOP

第8章
通道、蒙版的基础
与运用

通道和蒙版是Photoshop的重要功能，也是学习Photoshop的难点所在。本章主要讲解了通道、蒙版的基本概念及其功能，希望读者学习之后能理解蒙版和通道的含义，并掌握蒙版和通道的基本操作方法。

学习目标

- 认识什么是通道
- 熟练掌握通道的基本操作
- 认识什么是蒙版
- 熟练掌握蒙版的类型和操作

通道的简介

8.1

通道在Photoshop中主要用于保存图像的颜色和选区信息，对通道进行操作和管理，主要是通过【通道】面板来进行的。

8.1.1 认识通道

【通道】面板可以创建、保存和管理通道。当我们打开一个图像时，Photoshop 会自动创建该图像的颜色信息通道，执行【窗口】→【通道】命令，即可打开【通道】面板，如图8-1所示。

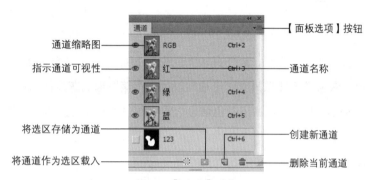

图8-1 【通道】面板

面板中各参数含义如下。

- 【将通道作为选区载入】按钮：单击此按钮，可将当前通道中的内容转换为选区范围，或将某一通道内容直接拖至该按钮上建立选区范围。

- 【将选区存储为通道】按钮：单击该按钮，可以将图像中的选区保存在通道内。该功能同执行【选择】→【存储选区】命令的效果相同。

- 【创建新通道】按钮：单击此按钮，可以快速地建立一个新通道。

- 【删除当前通道】按钮：单击此按钮，可以删除当前通道，使用鼠标拖动通道到该按钮上也可以将其删除。

- 【面板选项】按钮：单击此按钮，会弹出如图8-2所示的菜单。

图8-2 菜单

8.1.2 通道的分类

通道分为颜色通道、专色通道和Alpha通道，下面将分别介绍这3种通道。

1. 颜色通道

用于保存颜色信息的通道称为颜色通道。每个颜色通道都是一幅灰度图像，只代表一种颜色的明暗变化。如RGB颜色模式的图像，其通道为RGB、红、绿、蓝4个，如图8-3所示。CMYK颜色模式的图像，通道为CMYK、青色、洋红、黄色、黑色5个，如图8-4所示。

图8-3　RGB模式通道

图8-4　CMYK模式通道

Lab颜色模式有Lab、明度、a、b共4个通道，分别对应于Lab混合通道和明度通道、a通道和b通道。灰度模式图像只有一个通道，用于存储图像的灰度信息；位图模式图像只有一个黑白通道，用于存储黑白颜色信息。索引颜色模式图像只有一个通道，用于存储调色板的位置信息。

2. 专色通道

在印刷中，一些特殊的金色、银色也被称为专色。为了能在印刷品中正确表现出青色、洋红、黄色和黑色及其混合色之外的颜色，就需要专门调配一些特殊颜色，这时就需要创建专色通道来存储这些颜色。

每一个专色通道都有一个属于自己的印版，如果要印刷带有专色的图像，则需要创建存储此颜色的专色通道，专色通道会作为一张单独的胶片输出。

3. Alpha 通道

除了图像本身带有颜色通道外，用户可以通过创建Alpha通道来保存和编辑图像选区。Alpha通道是一个8位的灰度通道，该通道用256级灰度来记录图像中的透明度信息，定义透明、不透明和半透明区域，其中黑表示全透明，白表示不透明，灰表示半透明。用白色涂抹Alpha通道可以扩大选区范围；用黑色涂抹则可以缩小选区；用灰色涂抹可以增加羽化范围。

课堂范例——调出特殊的图像颜色

步骤01　按【Ctrl+O】组合键，打开本书配套下载资源中的"素材文件\第8章\山坡.jpg"文件，如图8-5所示。执行【图像】→【模式】→【Lab颜色】命令，将图片模式转换为Lab模式。再打开【通道】面板，选择【b】通道，如图8-6所示。

图 8-5 打开素材

图 8-6 选择【b】通道

步骤02 按【Ctrl+A】组合键，全选【b】通道，再按【Ctrl+C】组合键复制选中的所有图像。再选中【a】通道，按【Ctrl+V】组合键将上一步复制的图像粘贴到该通道，如图8-7所示。

步骤03 单击【通道】面板中的【Lab】通道，如图8-8所示，显示完整的色彩，此时图像色彩如图8-9所示。

图 8-7 选中【a】通道

图 8-8 单击【Lab】通道

图 8-9 最终效果

8.2 通道的基本操作

本节介绍了创建Alpha通道、创建专色通道、复制和删除通道的方法，下面将具体讲解其操作。

8.2.1 创建Alpha通道

创建Alpha通道时，需要先创建出所需的选区，再将其转换成Alpha通道存储。

打开一张素材，使用选区工具创建选区，如图8-10所示。单击【通道】面板底部的【将选区存储为通道】按钮，创建【Alpha 1】通道，如图8-11所示。

图 8-10　创建选区　　　　　　　图 8-11　创建【Alpha 1】通道

Photoshop CS6 默认新建的通道为【Alpha】通道，双击通道名称，在显示的文本框中可以为它输入新的名称。

8.2.2　创建专色通道

专色通道是一种特殊的通道，可以保存专色信息的通道。专色是特殊的预混油墨，用于替换或补充印刷色（CMYK）油墨。为了使自己的印刷作品与众不同，往往会做一些特殊处理，如增加荧光油墨或夜光油墨、套版印刷制无色系等，这些特殊颜色的油墨无法用三原色油墨混合而成，这时需要专色通道与专色印刷。

专色通道的创建方法如下。

步骤01　单击面板右上角的【面板选项】按钮，在弹出的菜单中选择【新建专色通道】命令，如图 8-12 所示。

步骤02　打开如图 8-13 所示的【新建专色通道】对话框，在对话框中可以设置专色的颜色。单击【确定】按钮后在【通道】面板中生成专色通道，如图 8-14 所示。

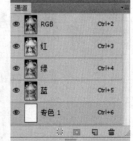

图 8-12　选择【新建专色通道】命令　图 8-13　【新建专色通道】对话框　图 8-14　专色通道

8.2.3　复制和删除通道

选中要复制的通道，按住鼠标左键不放将其拖到【创建新通道】按钮上，如

图8-15所示。释放鼠标后即可复制通道，如图8-16所示。

图8-15 拖到【创建新通道】按钮上

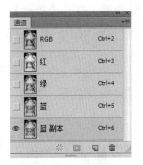

图8-16 复制通道

在【通道】面板中选择需要删除的通道，单击【删除当前通道】按钮🗑，如图8-17所示。释放鼠标后即可删除通道，如图8-18所示。

图8-17 单击【删除当前通道】按钮

图8-18 删除通道

📽 课堂范例——给婚纱照换背景

步骤01 按【Ctrl+O】组合键，打开本书配套下载资源中的"素材文件\第8章\婚纱.jpg"文件，如图8-19所示。

步骤02 下面选择婚纱边缘与背景黑白对比度最大的通道进行复制。通过对比，此图像【红】通道对比度最大。打开【通道】面板，选择【红】通道，按住鼠标左键不放，将【红】通道拖到【创建新通道】按钮🔲上，得到【红 副本】通道，如图8-20所示。

图8-19 打开素材

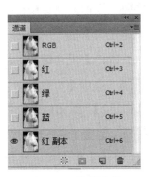

图8-20 复制通道

步骤03 为了增加【红 副本】通道的黑白对比度，下面使用色阶进行调整。按【Ctrl+L】组合键，打开【色阶】对话框，调整参数如图8-21所示。单击【确定】按钮，图像黑白对比度增加，如图8-22所示。

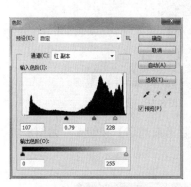

图8-21 【色阶】对话框　　图8-22　图像黑白对比度增加

温馨
提示
在【通道】面板中必须复制通道后再调黑白对比度。若直接在原通道上调整，会使整个图像色彩改变。

步骤04 按住【Ctrl】键的同时单击【红 副本】通道，将白色区域载入选区，如图8-23所示。切换到【图层】面板，按【Ctrl+J】组合键，复制选区内的图像到新的图层，如图8-24所示。

图8-23　载入选区　　　　　　　　　图8-24　复制图像

步骤05 下面在照片图像中沿着人物勾图，注意要避开半透明的婚纱。选择工具箱中的【钢笔工具】，并选择其选项栏中的【路径】选项，绘制如图8-25所示的路径。按【Ctrl+Enter】组合键，将路径转换为选区，如图8-26所示。

步骤06 选中【背景】图层，按【Ctrl+J】组合键，复制选区内的图像到新的图层，生成【图层2】，如图8-27所示。

步骤07 隐藏【背景】图层，可以看到人物和婚纱都从背景中抠取出来了，如图8-28所示。按【Ctrl+O】组合键，打开本书配套下载资源中的"素材文件\第8章\风景.jpg"文件，如图8-29所示。

图 8-25 绘制路径

图 8-26 将路径转换为选区

图 8-27 复制选区内的图像到新的图层

图 8-28 抠取人物和婚纱

图 8-29 打开素材

步骤08 单击工具箱中的【移动工具】按钮，将新的背景图片拖到"婚纱"文件中，自动生成【图层3】。在【图层】面板中将【图层3】拖到【图层2】的下面，【图层】面板如图8-30所示，图像如图8-31所示。

图 8-30 【图层】面板

图 8-31 换背景

步骤09 将原背景中多余的图像去掉。选择工具箱中的【多边形套索工具】 ✓ ，选中多余的图像，如图8-32所示。按【Delete】键，删除选区内的图形，再按【Ctrl+D】组合键，取消选区，最终效果如图8-33所示。

图 8-32 选中多余的图像

图 8-33 最终效果

8.3 蒙版的类型及操作

蒙版主要分为图层蒙版、快速蒙版、矢量蒙版、剪贴蒙版4种类型，应用这些蒙版可以制作各种特殊的特效合成效果。

8.3.1 图层蒙版

图层蒙版具有控制图层中图像的显示或隐藏效果的功能。图层蒙版是灰度图像，使用黑色在蒙版图层上进行涂抹，涂抹的区域图像将被隐藏，显示下层图像的内容。使用白色在蒙版图像上涂抹，则会显示被隐藏的图像，遮住下层图像内容。

1．创建图层蒙版

单击【图层】面板下方的【添加蒙版】按钮 ⬜ ，如图8-34所示，添加的是白色蒙版，图像全部显示，如图8-35所示。

图 8-34 单击【添加蒙版】按钮

图 8-35 添加白色蒙版

按住【Alt】键的同时单击【添加蒙版】按钮，添加的是黑色蒙版，如图8-36所示，图像全部隐藏，如图8-37所示。

图8-36　添加黑色蒙版

图8-37　图像全部隐藏

2. 编辑图层蒙版

创建图层蒙版后，可以使用画笔工具、渐变工具对其进行编辑，还可以先创建选区，再添加图层蒙版。

（1）利用绘图工具编辑图层蒙版

使用画笔工具编辑图层蒙版是常用的一种蒙版编辑方法。将画笔设置为黑色，在蒙版中涂抹后，被绘制的区域将被隐藏。将画笔设置为白色，在蒙版中涂抹后，被隐藏的区域将被显示。下面介绍其具体操作。

步骤01　打开一张图片，单击【图层】面板下方的【添加蒙版】按钮 ，添加图层蒙版，如图8-38所示。

步骤02　选择工具箱中的【画笔工具】 ，设置前景色为黑色，在图像中涂抹，被涂抹的区域将被隐藏，如图8-39所示。【图层】面板中的显示如图8-40所示。

图8-38　添加图层蒙版

图8-39　画笔工具涂抹蒙版效果

图8-40　【图层】面板

步骤03　选择工具箱中的【画笔工具】 ，设置前景色为白色，在图像中涂抹，被涂抹的区域将被显示，如图8-41所示。【图层】面板中的显示如图8-42所示。

图 8-41　画笔工具涂抹蒙版效果

图 8-42　【图层】面板

（2）使用渐变工具编辑图层蒙版

使用渐变工具可以制作渐隐的效果，使图像蒙版的编辑过渡非常自然，其原理同样是白色显示、黑色隐藏，其余颜色为半透明。下面介绍其具体使用方法。

步骤01　打开一张图片，单击【图层】面板下方的【添加蒙版】按钮 ，添加图层蒙版，如图 8-43 所示。

步骤02　选择工具箱中的【渐变工具】 ，设置颜色为白色到黑色的渐变色，如图 8-44 所示，然后在选项栏中单击【线性渐变】按钮 ，如图 8-45 所示。

图 8-43　单击【添加蒙版】按钮

图 8-44　设置渐变色

图 8-45　【渐变工具】选项栏

步骤03　从上向下垂直拖动鼠标指针，如图 8-46 所示；释放鼠标后得到如图 8-47所示的效果。

图8-46 拖动鼠标指针

图8-47 蒙版效果

（3）利用选区工具编辑图层蒙版

使用选区得到蒙版时需要先创建选区，再生成图层蒙版，其具体操作如下。

步骤01 打开一张图片，使用选框工具创建选区，如图8-48所示。

步骤02 单击【图层】面板下方的【添加蒙版】按钮，添加图层蒙版，如图8-49所示。此时，选区内的图像显示，选区外的图像被隐藏，如图8-50所示。

图8-48 创建选区

图8-49 添加图层蒙版

图8-50 选区外的图像被隐藏

3. 应用图层蒙版

添加了图层蒙版后在图层蒙版缩览图上右击，在弹出的快捷菜单中选择【应用图层蒙版】命令，如图8-51所示。应用蒙版后图层变为普通图层，图像保留为应用蒙版后的效果，如图8-52所示。

图8-51 选择【应用图层蒙版】命令

图8-52 图层变为普通图层

4. 停用图层蒙版

对于已经通过蒙版进行编辑的图层，如果需要查看原图效果，可以通过【停用蒙版】命令暂时隐藏蒙版效果，停用蒙版的方法有以下几种。

方法一：执行【图层】→【图层蒙版】→【停用】命令，停用后图层蒙版如图8-53所示。

方法二：在【图层】面板中选择需要关闭的蒙版，并在该蒙版缩览图处右击，在弹出的快捷菜单中选择【停用图层蒙版】命令。

方法三：按住【Shift】键的同时，单击该蒙版的缩览图，可快速关闭该蒙版；若再次单击该缩览图，则显示蒙版。

图8-53　停用后的图层蒙版

5. 删除图层蒙版

当不需要图层蒙版时，可以将其删除。删除图层蒙版有多种方法。

方法一：单击【图层】面板下方的【删除图层】按钮，如图8-54所示。此时会弹出如图8-55所示的提示框，单击【应用】按钮，即可删除蒙版，如图8-56所示。

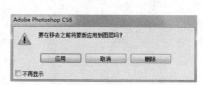

图8-54　单击【删除图层】按钮　　　　图8-55　提示框　　　　图8-56　删除蒙版

方法二：添加图层蒙版后在图层蒙版缩览图上右击，在弹出的快捷菜单中选择【删除图层蒙版】命令。

6. 转移图层蒙版

按住【Alt】键将一个图层的蒙版拖至另外的图层，可以将蒙版复制到目标图层，如图8-57所示。

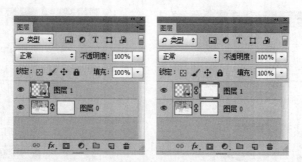

图8-57　复制前后【图层】面板的对比

如果直接将蒙版拖至另外的图层，则可将该蒙版转移到目标图层，原图层将不再有蒙版，如图8-58所示。

图8-58 拖动前后对比

8.3.2 剪贴蒙版

剪贴蒙版图层包括两个或两个以上的图层，创建剪贴蒙版后，位于下面的图层叫基底图层，位于基底图层之上的图层叫剪贴层。剪贴蒙版中内容图层作用于基底图层基础上，根据基底图层的形状对内容图层产生约束，隐藏或显示内容图层图像。

1. 创建剪贴蒙版

创建剪贴蒙版的具体操作步骤如下。

步骤01 打开一张素材文件，如图8-59所示。将【背景】图层转换为普通图层，新建【图层1】，绘制一个圆，将【图层1】拖到【图层0】的下方，如图8-60所示。

图8-59 打开一张素材文件

图8-60 【图层】面板

步骤02 执行【图层】→【创建剪贴蒙版】命令，创建剪贴蒙版，剪贴图层缩略图缩进，且带有一个向下的箭头，【图层1】作为基底图层，并且图层名称带一条下划线，如图8-61所示。此时，【图层1】只显示与圆重叠的图像，如图8-62所示。

步骤03 移动下方圆的位置，此时在【图层】面板中可观察到圆的位置，如图8-63所示，【图层1】的显示区域也随之改变，如图8-64所示。

图 8-61　【图层】面板

图 8-62　只显示与圆重叠的图像

温馨提示

　按住【Alt】键不放，将鼠标指针移动到剪贴图层和基底图层之间后单击鼠标左键，也可创建剪贴蒙版。

图 8-63　移动下方圆的位置　　图 8-64　显示区域也随之改变

2. 释放剪贴蒙版

选择基底图层上方的剪贴图层，执行【图层】→【释放剪贴蒙版】命令，或者按【Alt+Ctrl+G】组合键，可以快速释放剪贴蒙版。

8.3.3　矢量蒙版

矢量蒙版常被用于对矢量图形的修改，创建后图像的显示会随着路径的改变而改变。创建矢量蒙版的具体步骤如下。

步骤01　使用路径工具绘制出一个要添加蒙版的路径，如图8-65所示。执行【图层】→【矢量蒙版】→【当前路径】命令，即可创建矢量蒙版，如图8-66所示。

图 8-65　绘制路径

图 8-66　创建矢量蒙版

步骤02 单击矢量蒙版缩览图，将其激活，如图8-67所示；选择工具箱中的【路径选择工具】，移动路径时，图像显示区域也会随之移动，如图8-68所示。

温馨提示 【背景】图层一定要解锁，若不解锁命令是灰色的，不能使用。

图8-67 单击矢量蒙版缩览图　　图8-68 图像显示区域随之移动

技能拓展

单击【图层】面板下方的【添加矢量蒙版】按钮两次，如图8-69所示，也可以创建矢量蒙版，如图8-70所示，图像效果如图8-71所示。

图8-69 单击【添加蒙版】按钮　图8-70 创健矢量蒙版　　图8-71 图像效果

8.3.4 快速蒙版

快速蒙版主要用于创建选区和抠取图像，可以将任何选区作为蒙版进行编辑。

1.创建快速蒙版

创建快速蒙版的具体方法如下。

步骤01 在图像中创建一个选区，如图8-72所示。单击工具箱底部的【以快速蒙版模式编辑】按钮，如图8-73所示，或按【Q】键，这时选区外部就会蒙上一层红色的透明蒙版，如图8-74所示。

图 8-72　创建选区

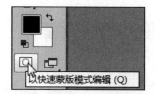

图 8-73　单击【以快速蒙版模式编辑】按钮

步骤02　用画笔工具涂抹的区域则根据画笔涂抹的颜色（白色或黑色）进行选区的增加或减少。设置前景色为白色，涂抹后的效果如图8-75所示。

图 8-74　进入快速蒙版

图 8-75　涂抹后的效果1

步骤03　设置前景色为黑色，涂抹后的效果如图8-76所示。完成快速蒙版编辑后，再次单击【以快速蒙版模式编辑】按钮，或者按【Q】键退出快速蒙版模式。此时，可以看到，选区的范围发生了变化，如图8-77所示。

图 8-76　涂抹后的效果2

图 8-77　退出快速蒙版

2. 更改快速蒙版的颜色

快速蒙版在默认情况下，是以50%不透明度的红色填充图像。可以根据需要来调整快速蒙版的不透明度和蒙版的颜色。具体操作步骤如下。

步骤01   双击工具箱中的【以快速蒙版模式编辑】按钮 ，打开【快速蒙版选项】对话框，如图8-78所示。在【颜色】栏中，单击色块打开【拾色器】对话框，即可设置蒙版的颜色，如图8-79所示。

图8-78 【快速蒙版选项】对话框   图8-79 【拾色器】对话框

步骤02   设置好后单击【确定】按钮，【快速蒙版选项】对话框如图8-80所示。再单击【确定】按钮，蒙版颜色改变，如图8-81所示。

图8-80 【快速蒙版选项】对话框   图8-81 蒙版颜色改变

课堂范例——制作拼缀图效果

步骤01   按【Ctrl+O】组合键，打开本书配套下载资源中的"素材文件\第8章\女孩.jpg"文件，如图8-82所示。在【图层】面板新建【图层1】，如图8-83所示。设置前景色为蓝色，按【Alt+Delete】组合键填充前景色。

图8-82 打开素材   图8-83【图层】面板

步骤02 双击【背景】图层，弹出如图8-84所示的【新建图层】对话框，单击【确定】按钮，将【背景】图层转换为普通图层，如图8-85所示。

图8-84 【新建图层】对话框　　　　图8-85 将【背景】图层转换为普通图层

步骤03 选择工具箱中的【矩形选框工具】按钮，绘制选区，如图8-86所示。单击【图层】面板底部的【添加蒙版】按钮，如图8-87所示。

图8-86 绘制选区　　　　　图8-87 单击【添加图层蒙版】按钮

步骤04 此时，选区外的图像都被隐藏，如图8-88所示。单击【图层】面板下方的【添加图层样式】按钮，在弹出的菜单中选择【外发光】命令，如图8-89所示。

图8-88 选区外的图像都被隐藏　　　　图8-89 选择【外发光】命令

步骤05 在弹出的【图层样式】对话框中设置参数，如图8-90所示。单击【确定】按钮，得到如图8-91所示的效果。

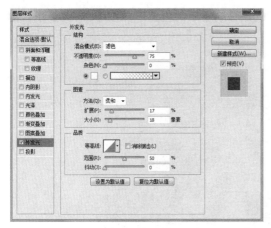

图 8-90 【图层样式】对话框

图 8-91 外发光

步骤06 按【Ctrl+J】组合键，复制【图层0】，得到【图层0副本】，如图8-92所示。单击蒙版旁的锁链图标取消关联，再单击蒙版图标，如图8-93所示。

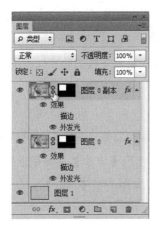

图 8-92 复制【图层0】

图 8-93 单击蒙版图标

步骤07 选择工具箱中的【移动工具】，移动蒙版的位置，如图8-94所示。按【Ctrl+T】组合键自由变换蒙版的大小，如图8-95所示。

图 8-94 移动蒙版的位置

图 8-95 变换蒙版的大小

步骤08　用相同的方法复制【图层0】，移动蒙版的位置，并按【Ctrl+T】组合键调整图像的大小，最终效果如图8-96所示。

图8-96　最终效果

课堂问答

在学习了本章有关通道和蒙版的内容后，还有哪些需要掌握的难点知识呢？下面将为读者讲解本章的疑难问题。

问题❶：如何调整单个通道颜色的明暗度？

答：在通道中白色为选区内的部分，黑色为选区外的部分，灰色为半透明区域。调整通道明暗度主要是为了将灰色调整为全黑或全白，使用【调整】菜单里面的【色阶】命令和【曲线】命令可以调整单个通道颜色的明暗度，常用的是【色阶】命令。

问题❷：利用通道抠取发丝、婚纱的原理是什么？

答：利用通道与【色阶】命令抠取图像，最主要是增强图像的黑白对比度，将白色区域载入选区。如果要抠取的图像在通道中是黑色，需要先反相，再利用【色阶】命令增加图像的黑白对比度。抠取婚纱时，在通道中婚纱部分显示为灰色，抠取出来的纱才是透明的，不能将婚纱在通道中调成全白。

问题❸：为什么有时创建了蒙版后，蒙版下的图像不能完全被遮盖住？

答：创建了蒙版后，使用黑色在蒙版图层上进行涂抹，涂抹的区域图像将被隐藏。使用白色在蒙版图像上涂抹，则会显示被隐藏的图像。用黑、白两色以外的任何颜色填充，图像都是半透明的，蒙版下的图像不能完全被遮盖住。

上机实战——制作照片撕裂效果

为了让读者巩固本章知识点，下面讲解一个技能综合案例。

制作照片撕裂效果的效果展示如图8-97所示。

效果展示

图 8-97 制作照片撕裂效果的效果展示

思路分析

本例介绍了制作照片撕裂效果的方法。在本例的制作过程中，需要运用套索工具、【存储选区】命令、投影样式等。

制作步骤

步骤01 按【Ctrl+O】组合键，打开本书配套下载资源中的"素材文件\第8章\美女.jpg"文件，如图8-98所示。按【Ctrl+J】组合键，复制【背景】图层，生成【图层1】。选中【背景】图层，设置前景色为白色，按【Alt+Delete】组合键填充前景色，如图8-99所示。

图 8-98 素材图像 　　　　　　　图 8-99 【图层】面板

步骤02 选择工具箱中的【套索工具】 ，绘制如图8-100所示的选区。执行【选择】→【存储选区】命令，打开【存储选区】对话框，输入名称，如"123"，单击【确定】按钮，如图8-101所示。

图 8-100 绘制选区 　　　　　　　图 8-101 【存储选区】对话框

步骤03 此时，在【通道】面板中可查看到选区以通道形式存储，如图8-102所示。按【Ctrl+D】组合键，取消选区。选中新增的通道，图像显示为新通道的黑白图像，如图8-103所示。

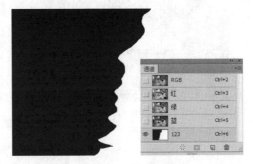

图8-102 选区以通道形式存储　　　　　　　　图8-103 黑白图像

步骤04 执行【滤镜】→【像素化】→【晶格化】命令，在弹出的【晶格化】对话框中设置【单元格大小】为8，如图8-104所示。单击【确定】按钮，得到如图8-105所示的效果。

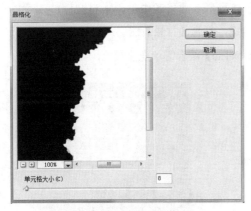

图8-104 【晶格化】对话框　　　　　　　　　图8-105 晶格化

步骤05 按住【Ctrl】键的同时单击【123】通道，将白色区域载入选区，如图8-106所示。在【通道】面板中单击【RGB】通道，显示图像，如图8-107所示。

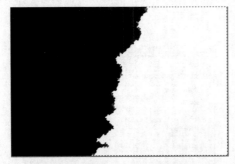

图8-106 将白色区域载入选区　　　　　　　　图8-107 显示图像

步骤06　切换到【图层】面板，按【Ctrl+Shift+J】组合键，剪切选区内的图像到新的图层，生成【图层2】，如图8-108所示。

步骤07　按住【Ctrl】键，同时选中【图层1】和【图层2】，如图8-109所示。按【Ctrl+T】组合键切换到图像大小调整状态，再按住【Shift】键，等比例调整图像大小，然后按【Enter】键确认，如图8-110所示。

图8-108　剪切选区内的图像到新的图层　　　　图8-109　同时选中【图层1】和【图层2】

步骤08　分别选中【图层1】和【图层2】，按【Ctrl+T】组合键旋转图像，然后按【Enter】键确认，如图8-111所示。

图8-110　等比例调整图像大小　　　　　　　　图8-111　旋转图像

步骤09　双击【图层2】，打开【图层样式】对话框，勾选【投影】复选框，其参数设置如图8-112所示。单击【确定】按钮，制作阴影效果，如图8-113所示。

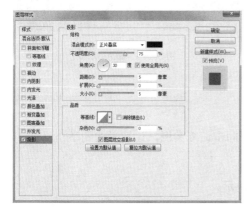

图8-112　【图层样式】对话框　　　　　　　　图8-113　阴影效果

步骤10　在【图层2】上右击，在弹出的快捷菜单中选择【拷贝图层样式】命令，如图8-114所示；再在【图层1】上右击，在弹出的快捷菜单中选择【粘贴图层样式】命令，如图8-115所示。此时，阴影效果被复制，最终效果如图8-116所示。

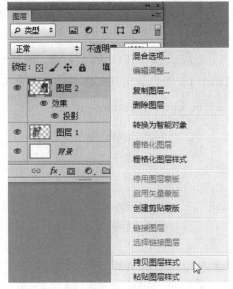

图8-114　选择【拷贝图层样式】命令

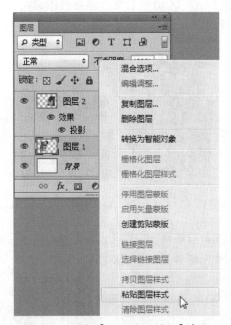

图8-115　选择【粘贴图层样式】命令

图8-116　最终效果

同步训练——使用通道抠取发丝

　　为了增强读者的动手能力，下面安排一个同步训练案例，让读者达到举一反三，触类旁通的学习效果。

　　使用通道抠取发丝的图解流程如图8-117所示。

图解流程

图 8-117　使用通道抠取发丝的图解流程

思路分析

　　本例介绍了使用通道抠取发丝的方法，先复制【蓝】通道，再将图像反相后调整黑白对比度，载入选区后抠取发丝，最后再更换新的背景。

关键步骤

步骤01　按【Ctrl+O】组合键，打开本书配套下载资源中的"素材文件\第8章\舞蹈.jpg"文件，如图8-118所示。复制【蓝】通道，如图8-119所示。

图 8-118　打开素材

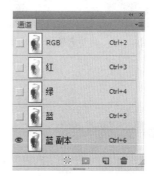

图 8-119　复制【蓝】通道

步骤02　按【Ctrl+I】组合键，将图像反相，如图8-120所示。按【Ctrl+L】组合键，打开【色阶】对话框，调整参数，如图8-121所示。

图 8-120　将图像反相

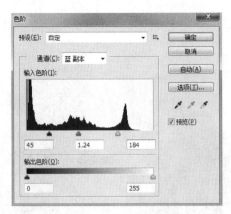

图 8-121　【色阶】对话框

步骤03　调整色阶后的效果如图 8-122 所示。按住【Ctrl】键的同时单击【蓝 副本】通道，将白色区域载入选区，如图 8-123 所示。

步骤04　切换到【图层】面板，按【Ctrl+J】组合键，复制选区内的图像到新的图层，如图 8-124 所示。使用钢笔工具沿人物勾勒路径，如图 8-125 所示。将路径转换为选区，按【Delete】键，删除选区内的图形，按【Ctrl+D】组合键，取消选区，如图 8-126 所示。

图 8-122　调整色阶后的效果

图 8-123　将白色区域载入选区

图 8-124　复制选区内的图像

图 8-125　沿人物勾勒路径

图 8-126　删除背景

步骤05　用相同方法将其他白色背景去除。按【Ctrl+O】组合键，打开本书配套下载资源中的"素材文件\第8章\花瓣.jpg"文件，如图8-127所示。选择工具箱中的【移动工具】 ，将该素材拖到"舞蹈"文件中，最终效果如图8-128所示。

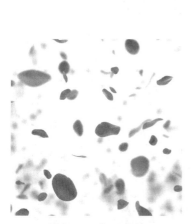
图8-127　打开素材

图8-128　最终效果

知识与能力测试

本章介绍了通道和蒙版的认识与运用，为对知识进行巩固和考核，布置相应的练习题。

一、填空题

1．通道在Photoshop中主要用于保存图像的＿＿＿和＿＿＿信息。

2．＿＿＿实际上是一种屏蔽，使用它可以将一部分图像区域保护起来。

3．创建＿＿＿通道时，需要先创建出所需的选区，再将其转换成通道存储起来。

二、选择题

1．通道可以分为（　　）3种。

　　A．颜色通道　　　　B．RGB通道　　　　C．Alpha通道　　　D．专色通道

2．Photoshop CS6提供了（　　）种建立蒙版的方法。

　　A．5　　　　　　　B．3　　　　　　　C．2　　　　　　　D．4

三、简答题

1．Photoshop中的蒙版有几种类型，分别是哪几种？

2．如何将选区保存在通道中，以便以后使用？

CS6
PHOTOSHOP

第9章
滤镜的基础与运用

　　Photoshop中的滤镜具有强大的功能，可以制作出各种特殊的效果。本章的任务是熟悉滤镜的基本操作方法，滤镜库的使用方法，以及灵活地综合使用常用滤镜为图像添加特殊的图像效果。

学习目标

- 认识滤镜库
- 熟练掌握特殊功能滤镜的使用
- 熟练掌握各滤镜组中滤镜的使用

9.1 特殊功能滤镜

特殊功能的滤镜分为【自适应广角】滤镜、【镜头校正】滤镜、【液化】滤镜、【油画】滤镜和【消失点】滤镜。

9.1.1 【自适应广角】滤镜

使用【自适应广角】滤镜可以修复广角畸变的照片。执行【滤镜】→【自适应广角】命令，可打开【自适应广角】对话框，如图9-1所示。

图9-1 【自适应广角】对话框

对话框中各参数含义如下。

- 约束工具：单击图像或拖动端点可添加或编辑约束。
- 多边形约束工具：单击图像或拖动端点可添加或编辑多边形约束，单击初始起点可结束约束，按住【Alt】键的同时单击可删除约束。
- 【校正】选项组：设置图像校正模式【鱼眼】、【透视】和【自动】选项，设置图像的缩放、焦距和裁剪因子的参数。

9.1.2 【镜头校正】滤镜

执行【滤镜】→【镜头校正】命令，或按【Shift+Ctrl+R】组合键，可以打开【镜头校正】对话框，如图9-2所示。按住鼠标左键不放拖动，可以校正图像，如图9-3所示为校正后的效果。

图9-2 【镜头校正】对话框

图9-3 镜头校正

对话框中各参数含义如下。

- 几何扭曲：拖动【移去扭曲】滑块可以拉直从图像中心向外弯曲或朝图像中心弯曲的水平和垂直线条，这种变形功能可以校正镜头桶形失真和枕形失真。

- 色差：色差是由于镜头对不同平面中不同颜色的光进行对焦而产生的，具体表现为背景与前景对象相接的边缘会出现红、蓝或绿色的异常杂边。通过拖动各个滑块，可消除各种色差。

- 晕影：晕影的特点表现为图像的边缘比图像中心暗。【数量】用于设置运用量的多少。【中点】用于指定受【数量】滑块所影响的区域的宽度，数值高只会影响图像的边缘；数值小，则会影响较多的图像区域。

- 变换：【变化】选项可以修复图像倾斜透视现象。【垂直透视】可以使图像中的垂直线平行；【水平透视】可以使水平线平行；【角度】可以旋转图像以针对相机歪斜加以校正；【比例】可以向上或向下调整图像缩放，图像的像素尺寸不会改变。

9.1.3 【液化】滤镜

在【液化】滤镜里可以通过涂抹的方式使图像变形，产生扭曲、溶化、扩展等变形效果。执行【滤镜】→【液化】命令，可打开【液化】对话框，如图9-4所示。

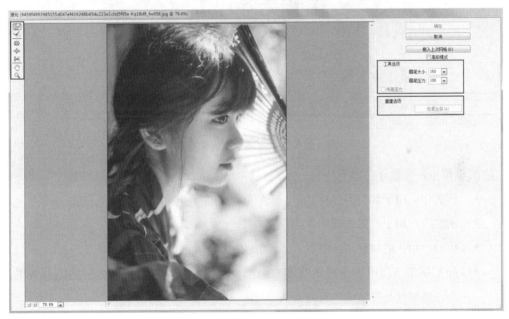

图9-4　【液化】对话框

对话框中各参数含义如下。

- 向前变形工具：使用此工具可以使被涂抹区域内的图像产生向前移位的效果。

- 重建工具：使用此工具在液化变形后的图像上涂抹，可将图像还原成原图像效果。

- 褶皱工具：使用此工具可以使图像产生向内压缩变形的效果。

- 膨胀工具：使用此工具可以使图像产生向外膨胀放大的效果。

- 左推工具 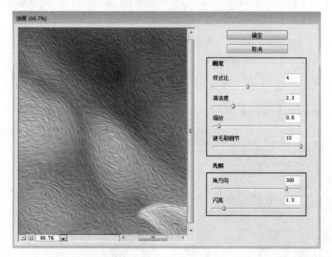 ：使用此工具可以使图像中的像素产生向左移位变形的效果。
- 抓手工具 ：用于移动放大后的图像。
- 缩放工具 ：使用该工具可以缩放图像大小。

9.1.4 【油画】滤镜

【油画】滤镜是Photoshop中新增的滤镜，它使用Mercury图形引擎作为支持，能快速让作品呈现油画的效果，还可以控制画笔的样式及光线的方向和亮度，以产生出色的效果。执行【滤镜】→【油画】命令，打开【油画】对话框，如图9-5所示。

图9-5 【油画】对话框

对话框中各参数含义如下。

- 样式化：用于调整笔触样式。
- 清洁度：用于设置纹理的柔化程度。
- 缩放：用于对纹理进行缩放。
- 硬毛刷细节：用于设置画笔细节的丰富程度。低设置值就是软轻的笔触效果，高设置值就是硬重的笔触效果。
- 角方向：用于设置光线的照射角度。
- 闪亮：可以提高纹理的清晰度。

9.1.5 【消失点】滤镜

【消失点】滤镜允许在包含有透视平面的图像中进行透视校正编辑。使用【消失点】，可以在图像中指定平面，然后进行仿制、绘制和粘贴与周围图像区域景色自动匹配的元素等编辑操作。执行【滤镜】→【消失点】命令，可打开【消失点】对话框，如图9-6所示。

图9-6 【消失点】对话框

对话框中各参数含义如下。

- 工具按钮：包括创建和编辑透视网格的各种工具。

【编辑平面工具】：可选择、编辑、移动平面和调整平面大小。

【创建平面工具】：通过在图像中单击添加节点的方式创建透视网格。

【选框工具】：在创建的网格中创建选区。

【仿制图章工具】：在创建的透视网格中进行图像复制。

【变换工具】：对复制的图像进行缩放、移动和旋转。

- 工具选项：用于设置当前选择的工具的各种属性。

下面介绍【消失点】滤镜的具体使用方法。

步骤01 选择【消失点】对话框左边的【创建平面工具】，拖出如图9-7所示的四边形透视框，左右两条线与木板的透视角度一致，上下两条线呈水平状。

步骤02 选择【选框工具】，沿透视框拖动创建如图9-8所示的选区，按住【Alt】键拖动选区图像，可以将选择区域图像复制到新目标，如图9-9所示。

图9-7 拖出四边形透视框

图9-8 创建选区

步骤03 完成后单击对话框中的【确定】按钮，可以看到多余物件被覆盖，如图9-10所示。

图9-9　将选择区域图像复制到新目标　　　　图9-10　多余物件被覆盖

步骤04　再使用工具箱中的【仿制图章工具】 🔧，修复边缘融合得不好的图像即可，如图9-11所示。

图9-11　修复边缘融合得不好的图像

课堂范例——给美女瘦脸

步骤01　按【Ctrl+O】组合键，打开本书配套下载资源中的"素材文件\第9章\美女.jpg"文件，如图9-12所示。执行【滤镜】→【液化】命令，打开【液化】对话框，如图9-13所示。

图9-12　打开素材　　　　　　图9-13　【液化】对话框

步骤02 在打开的【液化】对话框中，单击【向前变形工具】 ，在对话框的右边设置画笔的大小，将鼠标指针放在如图9-14所示的位置，在脸颊上向左拖动鼠标指针，可以看到照片中的图像随着鼠标指针动作相应地发生了改变，如图9-15所示。

图9-14　鼠标指针位置

图9-15　瘦脸

步骤03 用相同的方法在脸部、脖子处向内拖动，最终效果如图9-16所示。

图9-16　最终效果

温馨提示
　　如果对液化的效果不满意，可以单击对话框右边的【恢复全部】按钮，重新进行液化。

9.2　滤镜库

在【滤镜库】对话框中包括了【风格化】、【画笔描边】、【扭曲】、【素描】、【纹理】和【艺术效果】6类滤镜效果。

执行【滤镜】→【滤镜库】命令，即可打开【滤镜库】对话框。对话框的左侧是预览区，中间是6类滤镜，右侧是参数设置区，如图9-17所示。

图 9-17 【滤镜库】对话框

对话框中各参数含义如下。

- 预览区：用于预览滤镜效果。
- 缩放区：单击+按钮，可放大预览区图像的显示比例；单击-按钮，则缩小显示比例。
- 弹出式菜单：单击∨按钮，可在打开的下拉菜单中选择一个滤镜。
- 参数设置区："滤镜库"中共包含6组滤镜，单击一个滤镜组前的 ▷ 按钮，可以展开滤镜组；单击滤镜组中的一个滤镜可使用该滤镜，与此同时，右侧的参数设置区内会显示该滤镜的参数选项。
- 当前使用的滤镜：显示了当前使用的滤镜。
- 效果图层：显示当前使用的滤镜列表。单击【指示效果图层可见性】图标 ● 可以隐藏或显示滤镜。
- 快捷图标：单击【新建效果图层】按钮 ▣ ，可以创建效果图层。添加效果图层后，可以选取要应用的其他滤镜，从而为图像添加两个或多个滤镜。通过多个滤镜的叠加，可以生成更加丰富的效果。单击【删除效果图层】按钮 🗑 ，可删除效果图层。

9.3 其他滤镜组

Photoshop CS6中还包含了几组滤镜组，每一组滤镜中都包含多种不同的滤镜。本节将介绍滤镜组中各滤镜的用途。

9.3.1 【风格化】滤镜组

【风格化】滤镜组中的滤镜主要是通过移动和置换图像的像素并提高图像像素的对比

度，产生印象派及其他风格化效果。打开一张素
材文件，如图9-18所示。

1. 查找边缘

【查找边缘】滤镜用于标识图像中有明显过渡
的区域并强调边缘。在白色背景上用深色线条绘
制图像的边缘，对于在图像周围创建边框非常有
用，其效果如图9-19所示。

图 9-18　打开一张素材文件

2. 等高线

【等高线】滤镜使用细线勾画每个颜色通道中的像素，得到与等高线图相似的效果，
其效果如图9-20所示。

图 9-19　查找边缘

图 9-20　等高线

3. 风

【风】滤镜在图像中创建细小的水平线以模拟风的动感效果，其效果如图9-21所示。
【风】滤镜只在水平方向起作用，要产生其他方向的风吹效果，需要先将图像旋转，然后
再使用此滤镜。

4. 浮雕效果

【浮雕效果】滤镜可以在图像中应用明暗表现浮雕效果。在其参数设置对话框中可以
设置浮雕的角度、高度和数量，其效果如图9-22所示。

图 9-21　风

图 9-22　浮雕效果

5. 扩散

【扩散】滤镜通过扩散图像边缘像素，使图像边缘产生抖动的效果。在【扩散】对话框中可设置扩散模式，包括【变暗优先】、【变亮优先】、【各向异性】共3个选区，其效果如图9-23所示。

6. 拼贴

【拼贴】滤镜将图像分切成有规则的有小块，类似做拼图游戏的效果。在【拼贴】对话框中可设置拼贴的数量、位移距离、填充区域等选项，其效果如图9-24所示。

图9-23　扩散　　　　　　　　　　　　　　　　　图9-24　拼贴

7. 曝光过度

【曝光过度】滤镜能产生正片和负片的混合图像效果，与底片冲洗过程中，将照片简单曝光而加亮的效果相似，其效果如图9-25所示。

8. 凸出

【凸出】滤镜可将图像转换成立方体效果，可以用来制作特殊关键时刻效果。在【凸出】对话框中可设置凸出的类型、大小和深度等项，其效果如图9-26所示。

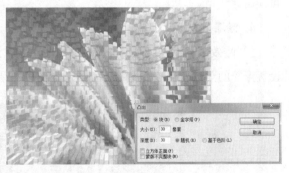

图9-25　曝光过度　　　　　　　　　　　　　　　图9-26　凸出

9. 照亮边缘

【照亮边缘】滤镜可以让图像产生类似霓虹灯的发光效果。原理是通过加强图像边缘的过渡像素来勾画图像的边缘，在【照亮边缘】对话框中可设置加强的边缘宽度和亮度、平滑度等选项，其效果如图9-27所示。

图 9-27 照亮边缘

温馨
提示

【照亮边缘】滤镜不在【风格化】滤镜组中，
在滤镜库中可以找到。

9.3.2 【模糊】滤镜组

【模糊】滤镜组用于以不同方式为图像添加模糊效果。
打开一张素材，如图 9-28 所示。

1. 场景模糊

【场景模糊】滤镜可以通过一个或多个圆钉对照片场景
中不同的区域应用模糊效果，其效果如图 9-29 所示。

2. 光圈模糊

【光圈模糊】滤镜可以对照片应用模糊，并创建一个椭
圆形的焦点范围，它能模拟出柔焦镜头拍出的梦幻、朦胧的
画面效果，其效果如图 9-30 所示。

图 9-28 打开一个素材

图 9-29 场景模糊

图 9-30 光圈模糊

3. 倾斜偏移

【倾斜偏移】滤镜有移轴摄影之意，可以用于模拟移轴镜头的虚化效果，其效果如
图 9-31 所示。

4. 表面模糊

【表面模糊】滤镜在保留边缘的同时模糊图像。此滤镜用于创建特殊效果并消除杂色
或粒度，其效果如图 9-32 所示。

图 9-31 倾斜偏移

图 9-32 表面模糊

5. 动感模糊

【动感模糊】滤镜是以某种方向和强度来模糊图像，使被模糊的部分产生高速运动的效果，其效果如图 9-33 所示。

6. 方框模糊

【方框模糊】滤镜基于相邻像素的平均颜色值来模糊图像。此滤镜用于创建特殊效果。可以调整用于计算给定像素的平均值的区域大小；半径越大，产生的模糊效果越好，其效果如图 9-34 所示。

7. 高斯模糊

【高斯模糊】滤镜使用可调整的量快速模糊选区。高斯是指当 Photoshop 将加权平均应用于像素时生成的钟形曲线。【高斯模糊】滤镜添加低频细节，并产生一种朦胧效果，其效果如图 9-35 所示。

图 9-33 动感模糊

图 9-34 方框模糊

图 9-35 高斯模糊

8. 径向模糊

【径向模糊】用于模拟前后移动相机或旋转相机产生的模糊，以制作柔和模糊效果，在对话框中进行参数设置。图 9-36 为选择【旋转】时的效果，图 9-37 为选择【缩放】时的效果。

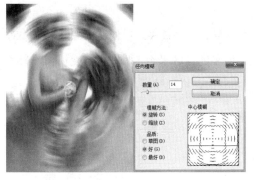

图9-36　旋转　　　　　　　　　　　　图9-37　缩放

9. 平均

【平均】滤镜用于找出图像或选区的平均颜色，然后用该颜色填充图像或选区以创建平滑的外观。【平均】滤镜不会弹出参数设置对话框，其效果如图9-38所示。

10. 特殊模糊

【特殊模糊】滤镜可精确地模糊图像。可以指定半径、阈值和模糊品质。半径值确定在其中搜索不同像素的区域大小。阈值确定像素具有多大差异后才会受到影响。在对话框中使用默认参数设置，其效果如图9-39所示。

图9-38　平均　　　　　　　　　　　　图9-39　特殊模糊

11. 形状模糊

【形状模糊】滤镜使用指定的内核来创建模糊。从自定形状预设列表中选取一种内核，并使用【半径】滑块来调整其大小。通过单击三角形并从列表中进行选取，可以载入不同的形状库。半径决定了内核的大小；内核越大，模糊效果越好，其效果如图9-40所示。

12. 模糊和进一步模糊

【模糊】和【进一步模糊】滤镜在图像中有显著颜色变化的地方消除杂色。【模糊】滤镜通过平衡已定义的线条和遮蔽区域的清晰边缘旁边的像素，使变化显得柔和。【进一步模糊】滤镜的效果比【模糊】滤镜强3～4倍，需注意的是该命令都无对话框。

13. 镜头模糊

【镜头模糊】滤镜向图像中添加模糊以产生更窄的景深效果，以便使图像中的一些对象在焦点内，而使另一些区域变模糊。可以使用简单的选区来确定哪些区域变模糊，或者可以提供单独的 Alpha 通道深度映射来准确描述希望如何增加模糊，其效果如图 9-41 所示。

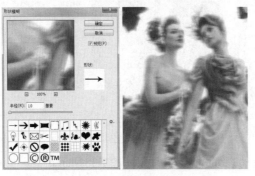

图 9-40　形状模糊　　　　　　　　　　　　　　图 9-41　镜头模糊

9.3.3 【扭曲】滤镜组

使用【扭曲】滤镜组中的滤镜可以对图像进行几何变形，创建三维或其他变形效果。打开一张素材文件，如图 9-42 所示。

1. 波浪

【波浪】滤镜可按指定的波长、波幅、类型来扭曲图像，其效果如图 9-43 所示。

2. 波纹

【波纹】滤镜可以使图像产生水池表面的波纹效果，并可以控制波纹的数量和大小，其效果如图 9-44 所示。

图 9-42　打开一张素材文件　　　　　图 9-43　波浪　　　　　　　图 9-44　波纹

3. 玻璃

【玻璃】滤镜可以使图像产生玻璃质感效果。在【玻璃】对话框中，可以调整扭曲和平滑度，其效果如图 9-45 所示。

4. 海洋波纹

【海洋波纹】滤镜可以添加波纹到图像表面。在其参数设置对话框中可以设置波纹大小和波纹幅度，其效果如图9-46所示。

图9-45　玻璃　　　　　　　　　　　　图9-46　海洋波纹

5. 极坐标

【极坐标】滤镜可以使图像中的像素从平面坐标转换到极坐标，或将选区从极坐标转换到平面坐标，其效果如图9-47所示。

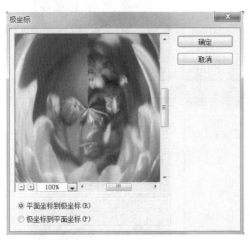

图9-47　极坐标

6. 挤压

【挤压】滤镜可以使图像产生挤压变形效果。当挤压值为负值时将向外挤压；为正值时将向内挤压，其效果如图9-48所示。

7. 扩散亮光

【扩散亮光】滤镜可以给图像添加透明的白色杂色，产生发光效果，其效果如图9-49所示。

图 9-48　挤压　　　　　　　　　　　　　　　　图 9-49　扩散亮光

8. 球面化

【球面化】滤镜可以将图像进行球面化扭曲。在【球面化】对话框中可以设置球面化的方式和强度，其效果如图 9-50 所示。

图 9-50　数量不同的球面化效果对比

9. 水波

【水波】滤镜使图像产生扭曲效果，模拟湖水中泛起的涟漪效果，其效果如图 9-51 所示。

10. 旋转扭曲

【旋转扭曲】滤镜可以使图像产生旋转效果,在【旋转扭曲】对话框中可以设置旋转的角度,其效果如图9-52所示。

图9-51　水波　　　　　　　　　　　图9-52　旋转扭曲

11. 切变

使用【切变】滤镜可以使图像沿设定的曲线进行扭曲,曲线可手动控制,其效果如图9-53所示。

图9-53　切变

9.3.4 【锐化】滤镜组

【锐化】滤镜组通过增加相邻像素的对比度来聚焦模糊的图像。打开一张素材文件,如图9-54所示。

1. 锐化边缘

【锐化边缘】滤镜可自动查找边缘,仅锐化边缘而保持图像整体的平滑度,效果轻微细致,其效果如图9-55所示。

图9-54　打开一张素材文件

2. USM 锐化

对于专业色彩校正，可使用【USM 锐化】滤镜调整边缘细节的对比度，并在边缘的每侧生成一条亮线和一条暗线。此过程将使边缘突出，造成图像更加锐化的错觉，其效果如图9-56所示。

图 9-55　锐化边缘　　　　　　　　　　图 9-56　USM 锐化

3. 锐化

【锐化】滤镜通过增加相邻像素点之间的对比度，使图像清晰化。

4. 进一步锐化

【进一步锐化】滤镜仅仅锐化图像的轮廓，使颜色和颜色之间分界明显。

5. 智能锐化

【智能锐化】滤镜使用新的算法来锐化图像，以获得更好的边缘检测并减少锐化晕圈，控制高光和阴影中的锐化量。

9.3.5 【视频】滤镜组

【视频】滤镜组中包含了两种滤镜，它们可以处理以隔行扫描方式的设备中提取的图像，将普通图像转换为视频设备可以接收的图像，以解决视频图像交换时系统差异的问题。

1. NTSC 颜色

NTSC 是国际电视标准委员会的英文缩写。【NTSC颜色】滤镜一般用于制作 VCD 静止帧的图像，创建用于电视或视频中的图像。将图像的色彩范围限制为 NTSC 制式，电视可以接收并表现的颜色。

2. 逐行

【逐行】滤镜可去掉视频图像中的奇数或偶数行，以平滑在视频上捕捉的图像。该滤镜也用于视频中静止图像帧的制作。

9.3.6 【像素化】滤镜组

大部分像素化滤镜会将图像分块或转换成平面色块组成的图案，并通过不同的设置达到截然不同的效果。打开一张素材文件，如图9-57所示。

1. 彩块化

【彩块化】滤镜将纯色或相似颜色的像素结块为彩色像素块，使图像近似于手绘，其效果如图9-58所示。

图9-57　打开一张素材文件

图9-58　彩块化

2. 彩色半调

【彩色半调】滤镜将图像像素转化为半调网屏的效果。在【彩色半调】对话框中，可以设置半调网格的最大半径及各个通道上的网点角度值，其效果如图9-59所示。

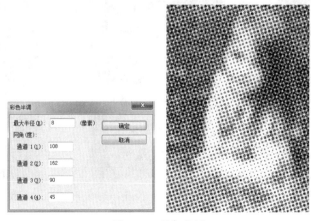

图9-59　彩色半调

3. 点状化

【点状化】滤镜可以把图像像素转化为彩色斑点效果。在【点状化】对话框中可以设置彩色斑点的大小，其效果如图9-60所示。

4. 晶格化

【晶格化】滤镜可以使图像产生结晶体效果。在【晶格化】对话框中可以设置晶体的大小，其效果如图9-61所示。

图9-60　点状化　　　　　　　　　　图9-61　晶格化

5. 马赛克

【马赛克】滤镜可以使图像产生马赛克状的模糊效果，其效果如图9-62所示。

6. 碎片

【碎片】滤镜可以使图像产生一种聚焦不准的镜头效果，其效果如图9-63所示。

7. 铜版雕刻

【铜版雕刻】滤镜可将图像转换为黑白区域的随机图案，或彩色图像的全饱和颜色随机图案，其效果如图9-64所示。

图9-62　马赛克　　　　　　图9-63　碎片　　　　　　图9-64　铜版雕刻

9.3.7 【渲染】滤镜组

【渲染】滤镜组中的滤镜用于在图像中创建云彩、折射和模拟光线等。打开一张素材文件，如图9-65所示。

1. 分层云彩

【分层云彩】滤镜使用前景色和背景色之间随机变化的值生成云彩图案，将生成的云彩图案与原始图像混合，其效果如图9-66所示。

2. 光照效果

【光照效果】滤镜可以在图像上产生不同的光源、光类型，以及不同光特性形成的光照效果，其效果如图9-67所示。

 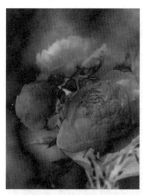 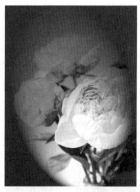

图9-65　打开一张素材文件　　　图9-66　分层云彩　　　　　图9-67　光照效果

3. 镜头光晕

【镜头光晕】滤镜可以模拟亮光照射到相机镜头所产生的折射效果，其效果如图9-68所示。

4. 纤维

【纤维】滤镜使用前景色和背景色来创建编制纤维的外观，其效果如图9-69所示。

5. 云彩

【云彩】滤镜使用前景色和背景色相融合，随机生成云彩状图案，并填充到当前图层或选区中，其效果如图9-70所示。

 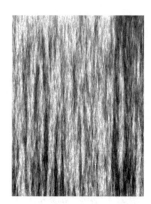 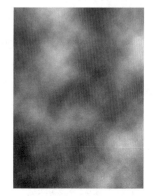

图9-68　镜头光晕　　　　　图9-69　纤维　　　　　　图9-70　云彩

9.3.8 【杂色】滤镜组

使用【杂色】滤镜组中的滤镜可随机分布像素，可添加或去掉杂色。打开一张素材文件，如图9-71所示。

1. 减少杂色

【减少杂色】滤镜可以减少数字图像杂色、JPEG不自然感及扫描的胶片颗粒，其效果如图9-72所示。

2. 蒙尘与划痕

【蒙尘与划痕】滤镜通过不同的像素来减少杂色，其效果如图9-73所示。

图9-71　打开一张素材文件　　　　图9-72　减少杂色　　　　图9-73　蒙尘与划痕

3. 添加杂色

【添加杂色】滤镜向图像中添加杂点，在【添加杂色】对话框中可以设置杂点的数量、分布方式和杂点颜色，其效果如图9-74所示。

4. 去斑

【去斑】滤镜对图像进行轻微模糊和柔化处理，使图像上的杂点被移除的同时保留图像细节，其效果如图9-75所示。

5. 中间值

【中间值】滤镜通过使用颜色平均值替换周围颜色去掉杂色。在【中间值】对话框中可设置【半径】参数。取值越大，相似颜色范围就会越大，其效果如图9-76所示。

图9-74　添加杂色　　　　图9-75　去斑　　　　图9-76　中间值

9.3.9 其他滤镜组

其他滤镜组主要用来修饰图像的某些细节部分，还可以让用户创建自己的特殊效果滤镜。打开一张素材文件，如图9-77所示。

1. 高反差保留

【高反差保留】滤镜可以在图像明显的颜色过渡处，保留指定半径内的边缘细节，并忽略图像颜色反差较低区域的细节，其效果如图9-78所示。

2. 位移

【位移】滤镜将图像移动指定的水平或垂直量，而原位置

图9-77　打开一张素材文件

变为空白区域。也可以用当前背景色、图像的另一部分填充这块区域；靠近图像边缘的区域也可以使用所选择的填充内容进行填充。在【位移】对话框中进行参数设置，其效果如图9-79所示。

图9-78　高反差保留

图9-79　位移

3. 自定

【自定】滤镜允许用户设计自己的滤镜效果。根据预定义的数学运算，可以更改图像中每个像素的亮度值。根据周围的像素值为每个像素重新指定一个值。此操作与通道的加、减计算类似。在【自定】对话框中进行参数设置，其效果如图9-80所示。

4. 最大值

【最大值】滤镜用周围像素的最高亮度值替换当前像素的亮度值，有展开白色区域并阻塞黑色区域的效果，其效果如图9-81所示。

5. 最小值

【最小值】滤镜可使用指定半径范围像素中最小的亮度值替换当前像素的亮度值，从而向内收缩白色区域并扩大黑色区域，其效果如图9-82所示。

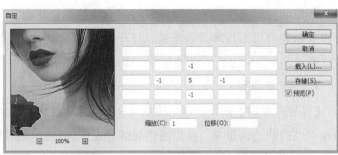

图 9-80　自定

图 9-81　最大值　　　　　　　图 9-82　最小值

📖 课堂范例——制作水彩字

步骤01　按【Ctrl+O】组合键，打开本书配套下载资源中的"素材文件\第8章\纹理.jpg"文件，如图9-83所示。选择工具箱中的【横排文字工具】**T**，设置前景色为白色。在图像上输入文字【Colour】，字体为MV Boli，按【Ctrl+Enter】组合键，完成文字的输入，如图9-84所示。

图 9-83　打开素材文件　　　　　　图 9-84　输入文字

步骤02　在文字的最前面插入光标，按住鼠标左键不放，向右拖动选中文字，按【Alt+←】组合键将文字的字间距调小，如图9-85所示。

步骤03 将文字图层栅格化，执行【滤镜】→【模糊】→【高斯模糊】命令，弹出【高斯模糊】对话框，设置参数如图9-86所示；单击【确定】按钮，效果如图9-87所示。

图9-85　将文字的字间距调小

图9-86　【高斯模糊】对话框

步骤04 按住【Ctrl】键的同时，单击文字所在的图层，载入选区，如图9-88所示。

图9-87　模糊文字

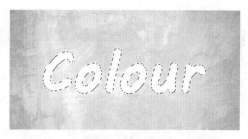

图9-88　载入选区

步骤05 设置前景色为青色，背景色为洋红色，执行【滤镜】→【渲染】→【云彩】命令，效果如图9-89所示。

步骤06 按【Ctrl+D】组合键取消选区。执行【滤镜】→【艺术效果】→【水彩】命令，打开【滤镜库】对话框，设置参数如图9-90所示；单击【确定】按钮，文字效果如图9-91所示。

图9-89　云彩

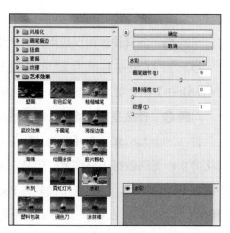

图9-90　【滤镜库】对话框

步骤07 如果对颜色不满意，可以使用【色相/饱和度】命令调色。执行【图像】→【调整】→【色相/饱和度】命令，打开【色相/饱和度】对话框，参数设置如图9-92所示。单击【确定】按钮，得到如图9-93所示的效果。

图9-91　文字效果　　　　　　　　　　　图9-92　【色相/饱和度】对话框

步骤08 将文字图层拖至【图层】面板下方的【创建新图层】按钮上，复制一个副本图层，将其图层混合模式设置为【叠加】，最终效果如图9-94所示。

图9-93　调色后的效果　　　　　　　　　　图9-94　最终效果

课堂问答

在学习了本章有关滤镜的内容后，还有哪些需要掌握的难点知识呢？下面将为读者讲解本章的疑难问题。

问题❶：怎样快速再次应用和上一步一样的滤镜操作？

答：按【Ctrl+F】组合键可以快速再次应用和上一步一样的滤镜操作。按【Ctrl+Alt+F】组合键可以打开上一次滤镜的对话框。

问题❷：什么是外挂滤镜，如何使用外挂滤镜？

答：一个大型软件在开发的过程中，常会只着眼于大的功能方面，一些人性化和细节化的东西无法做得十分细致。于是，外挂程序文件就诞生了。这类软件在不同的软件中会有不同的叫法，比如在平面软件Photoshop中称为"外挂滤镜"，在一些软件中称为"插件""过滤器"。在Photoshop中使用外挂滤镜的方法如下。

在【程序】栏中的PS图标上右击，或在桌面PS图标上右击，在弹出的快捷菜单中选择【属性】命令，打开【属性】面板。在【起始位置】中可查看到安装位置，如图9-95所示。找到安装位置后，将滤镜放入安装文件夹中的"Plug-ins"文件夹中即可。

图9-95 查看安装位置

上机实战——制作绚烂的花

为了让读者巩固本章知识点，下面讲解一个技能综合案例。

制作绚烂的花的效果展示如图9-96所示。

效果展示

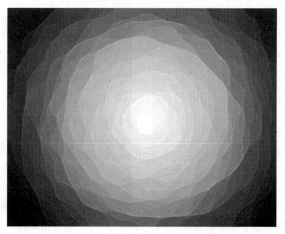

图9-96 制作绚烂花的效果展示

本例介绍了制作绚烂的花的方法。在本例的制作过程中，用到了【晶格化】滤镜、【绘画涂抹】滤镜、【色相/饱和度】命令等。

制作步骤

步骤01 按【Ctrl+N】组合键，新建一个文件。选择工具箱中的【渐变工具】  ，并在其选项栏中选择【径向渐变】 ，设置颜色为白色到黑色的渐变色，从中心向边角拖动光标，填充渐变色，效果如图9-97所示。

图9-97 填充渐变色

步骤02 执行【滤镜】→【像素化】→【晶格化】命令，打开【晶格化】对话框，设置参数如图9-98所示；单击【确定】按钮，得到如图9-99所示的效果。

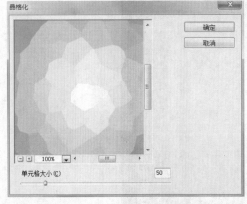

图9-98 【晶格化】对话框

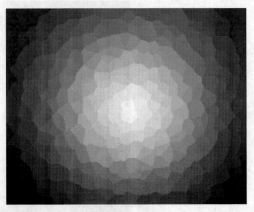

图9-99 晶格化

步骤03　执行【滤镜】→【艺术效果】→【绘画涂抹】命令，打开【滤镜库】对话框，设置参数如图9-100所示；单击【确定】按钮，得到如图9-101所示的效果。

步骤04　执行【图像】→【调整】→【色相/饱和度】命令，打开【色相/饱和度】对话框，勾选【着色】复选框，参数设置如图9-102所示。单击【确定】按钮，得到如图9-103所示的效果。

图9-100　【滤镜库】对话框

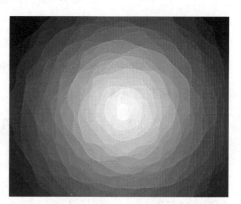

图9-101　绘画涂抹

图9-102　【色相/饱和度】对话框

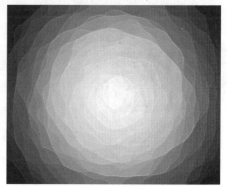

图9-103　最终效果

🌐 同步训练——制作炫酷光晕效果

为了增强读者的动手能力，下面安排一个同步训练案例，让读者达到举一反三，触类旁通的学习效果。

制作炫酷光晕效果的图解流程如图9-104所示。

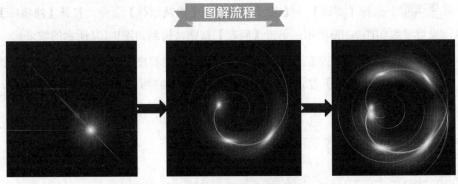

图9-104　制作炫酷光晕效果的图解流程

思路分析

本例介绍了制作炫酷光晕效果的方法，在本例的制作过程中用到了【镜头光晕】滤镜、【极坐标】滤镜等。

关键步骤

步骤01　新建一个空白文档，将【背景】图层填充为黑色。执行【滤镜】→【渲染】→【镜头光晕】命令，打开【镜头光晕】对话框，设置参数如图9-105所示；效果如图9-106所示。

图9-105　设置镜头光晕参数

图9-106　镜头光晕效果

步骤02　再执行两次【镜头光晕】命令，让光线成一条斜线分布，如图9-107所示。执行【滤镜】→【扭曲】→【极坐标】命令，在打开的【极坐标】对话框中选择【平面坐标到极坐标】单选按钮，如图9-108所示；效果如图9-109所示。

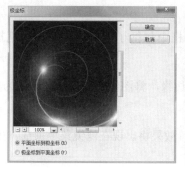

图 9-107　让光线成一条斜线分布　　图 9-108　选择选项　　图 9-109　极坐标效果

步骤 03　将【背景】图层复制为【背景副本】图层，按【Ctrl+T】组合键将图像垂直翻转，如图 9-110 所示。将【背景副本】图层的【混合模式】更改为【滤色】，效果如图 9-111 所示。

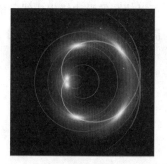

图 9-110　垂直翻转　　　　　　图 9-111　【混合模式】更改为【滤色】

步骤 04　在【图层】面板中单击【创建新的填充或调整图层】按钮，在弹出的菜单中选择【渐变】命令，在打开的对话框中选择彩虹色，设置参数如图 9-112 所示；最终效果如图 9-113 所示。

图 9-112　选择彩虹色　　　　　　图 9-113　最终效果

知识与能力测试

本章介绍了 Photoshop 中滤镜的操作，为对知识进行巩固和考核，布置相应的练习题。

一、填空题

1. 在【滤镜库】对话框中包括了【风格化】、【画笔描边】、【扭曲】、_____、_____、_____ 6 类滤镜效果。

2. _____滤镜可以强化边缘，将图像中高反差区域变为亮色，低反差区域变为暗色。

二、选择题

1. 最后一次应用的滤镜效果将出现在滤镜菜单顶部，按（ ）组合键可以再次应用滤镜效果。

    A.【Ctrl+B】   B.【Ctrl+C】   C.【Ctrl+F】   D.【Ctrl+A】

2. Photoshop CS6 自带了多种滤镜，下面属于特殊功能滤镜的是（ ）。

    A.【晶格化】   B.【液化】   C.【像素化】   D.【消失点】

三、简答题

1. 可以使图像沿边缘生成线条的滤镜组是哪一组？

2. 简述 Photoshop 中【消失点】滤镜的功能。

CS6
PHOTOSHOP

第10章
任务自动化

本章介绍了【动作】面板、批处理文件、PDF演示文稿、联系表II等内容，重点是【动作】面板与批处理的使用，【动作】面板与批处理常常结合起来使用，使用它们可以极大地提高工作效率，节省工作时间。

学习目标

- 熟练掌握【动作】面板的操作
- 熟练掌握批处理文件的操作
- 熟练掌握PDF演示文稿的创建
- 熟练掌握联系表II的使用

【动作】面板

我们在处理文件时，常常会遇到许多繁杂的重复工作，使用【动作】面板可以将这些工作化繁为简，提高工作效率。

10.1.1 【动作】面板概述

使用【动作】面板可以记录、播放、编辑和删除动作，还可以存储和载入动作文件。执行【窗口】→【动作】命令或按【Alt+F9】组合键，可打开【动作】面板，如图10-1所示。单击组前面的▶按钮，可展开一个组中的所有动作；若要折叠组，则单击其左侧的▼按钮。

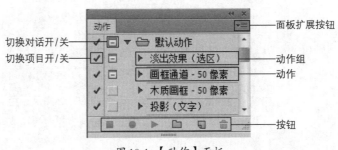

图 10-1 【动作】面板

面板中各参数含义如下。

- 切换对话开/关：设置动作在运行过程中是否显示有参数对话框的命令。若动作左侧显示□图标，则表示该动作运行时所用命令具有对话框。

- 切换项目开/关：设置控制动作或动作中的命令是否被跳过。若某一个命令的左侧显示✓图标，则表示此命令允许正常。若显示□图标，则表示此命令被跳过。

- 面板扩展按钮：单击此按钮，打开隐藏的面板菜单，在该菜单中可以对面板模式进行选择，并提供动作的创建、记录、删除等基本菜单选项，可以对动作进行载入、复位、替换、存储等操作，还可以快捷查找不同类型的动作选项。

- 动作组：动作组是一系列动作的集合。

- 动作：动作是一系列操作命令的集合。

- 停止播放记录■：当动作完成后，单击该按钮会停止记录动作。

- 开始记录●：单击该按钮开始记录动作。

- 播放动作▶：完成动作记录，单击该按钮开始重复记录的动作。

- 创建新组▢：创建一个动作组，动作组可以放置新建的动作，方便动作的管理，其创建方法与图层组相似。

- 新建动作▣：新建一个新的动作。
- 删除动作🗑：删除不需要的动作。

10.1.2 操作动作

本节将介绍直接应用Photoshop中的预设动作的方法，以及创建新动作并记录、播放动作的方法。

1. 应用预设动作

在Photoshop CS6的【动作】面板中提供了多种预设动作，使用这些动作可以快速地制作文字效果、边框效果、纹理效果和图像效果等。应用预设动作的具体步骤如下。

步骤01　打开一张素材文件，如图10-2所示。单击【动作】面板右上角的▾按钮，在弹出的菜单中选择一种预设动作，如画框，如图10-3所示。

图10-2　打开一张素材文件

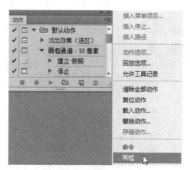

图10-3　选择画框

步骤02　在面板中选择一种画框，如笔刷形画框，单击【播放选定的动作】按钮▶，如图10-4所示。生成笔刷形画框，如图10-5所示。

图10-4　单击【播放选定的动作】按钮

图10-5　生成笔刷形画框

2. 创建、记录、播放动作

记录动作首先需要在【动作】面板中创建动作，在创建新动作后，所用的命令和工具都将添加到动作中，直到停止记录为止，最后再播放动作即可，其具体操作步骤如下。

步骤01　在【动作】面板下方单击【新建动作】按钮▣，打开【新建动作】对话框，设置【名称】、【组】、【功能键】和【颜色】等参数，一般为默认，单击【记录】按钮，如图10-6所示。

步骤02　【开始记录】按钮■变为红色，表示正在录制动作，之后的所有操作都将被记录，如图10-7所示。

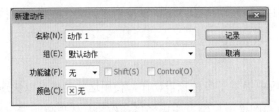

图10-6　【新建动作】对话框　　　　　　　　图10-7　【动作】面板

步骤03　完成操作后在【动作】面板中单击【停止播放/记录】按钮■，完成动作的记录，如图10-8所示。

步骤04　单击【播放动作】按钮▶，如图10-9所示，每单击一次，记录的动作就会被播放一次。

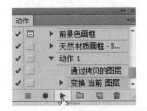

图10-8　单击【停止播放/记录】按钮　　　　图10-9　单击【播放动作】按钮

📚 课堂范例——制作米字图形

步骤01　按【Ctrl+N】组合键，新建一个空白文件。选择工具箱中的【矩形工具】■，并在其选项栏中选择【像素】选项，设置前景色为红色，新建【图层1】，绘制如图10-10所示的矩形。

步骤02　在【动作】面板下方单击【新建动作】按钮，打开【新建动作】对话框，单击【记录】按钮，如图10-11所示。

图10-10　绘制矩形　　　　　　　　　　　图10-11　【新建动作】对话框

步骤03 【开始记录】按钮■变为红色，如图10-12所示。按【Ctrl+J】组合键，复制【图层1】，如图10-13所示。

图10-12 【开始记录】按钮变为红色

图10-13 【动作】面板

步骤04 按【Ctrl+T】组合键，显示变换定界框，如图10-14所示。在选项栏中输入旋转角度为45°，如图10-15所示，按【Enter】键确认。

图10-14 显示变换定界框

图10-15 选项栏

步骤05 在【动作】面板中单击【停止播放/记录】按钮■，完成动作的记录，如图10-16所示。多次单击【播放动作】按钮▶，如图10-17所示。

步骤06 每单击一次【播放动作】按钮▶，会播放【将矩形复制并旋转45度】这个操作，最终得到如图10-18所示的米字图形。

图10-16 单击【停止播放/记录】按钮

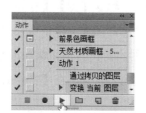

图10-17 单击【播放动作】按钮

图10-18 米字图形

10.2 应用自动化命令

本节将介绍【自动】菜单中批处理文件、创建快捷批处理、PDF演示文稿、联系表Ⅱ的使用方法。

10.2.1 批处理文件

1. 认识批处理

【批处理】命令可以对某个文件夹中的所有文件播放相同的动作，并存储到另一文件夹中，以实现自动批量处理图像的目的。执行【文件】→【自动】→【批处理】命令，打开【批处理】对话框，如图10-19所示。

图10-19 【批处理】对话框

对话框中各参数含义如下。

- 播放的动作：在进行批处理前，首先要选择应用的【动作】。分别在【组】和【动作】两个选项的下拉列表中进行选择。

- 批处理源文件：在【源】栏中可以设置文件的来源为【文件夹】、【导入】、【打开的文件】或是从Bridge中浏览的图像文件。如果设置的源图像的位置为文件夹，则可以选择批处理的文件所在文件夹位置。

- 批处理目标文件：在【目标】选项的下拉列表中包含【无】、【存储并关闭】和【文件夹】3个选项。选择【无】选项，对处理后的图像文件不做任何操作；选择【存储并关闭】选项，将文件存储在它们的当前位置，并覆盖原来的文件；选择【文件夹】选项，将处理过的文件存储到另一位置。在【文件命名】栏中可以设置存储文件的名称。

2. 批处理的应用

在【批处理】对话框中，在【播放】栏中选择用于播放的动作序列及该序列中的某个动作，然后在【源】栏中设置用于播放所选动作的源文件夹。

在【源】下拉列表中可选择是对输入的图像、文件夹中的图像或是文件浏览器中的图像进行播放，一般选择【文件夹】选项，再单击【选择】按钮，指定需要批处理的图像所在文件夹。

最后在【目标】下拉列表中选择播放动作后的存储方式，可以存储并关闭文件或是保存到另一文件夹中；如果要保存到其他文件夹中，可以单击【选择】按钮，选择目标文件夹。

完成相关设置后，单击【确定】按钮，系统会自动根据前面的设置进行批处理操作。

10.2.2 创建快捷批处理

批处理的快捷方式就像是一个应用程序，当把需要处理的图片拖曳到批处理图标上时，会自动对图片进行批处理。创建快捷批处理的具体步骤如下。

步骤01 执行【文件】→【自动】→【快捷批处理】命令，打开【创建快捷批处理】对话框，单击【选择】按钮，设置快捷方式的保存位置，在【动作】下拉列表中选择所要应用的动作，如动作2为添加水印的动作，如图10-20所示。

步骤02 单击【确定】按钮，即可在保存的位置生成快捷批处理图标，如图10-21所示。

图10-20 【创建快捷批处理】对话框

图10-21 生成快捷批处理图标

步骤03 选择需要处理的图片，如图10-22所示。按住鼠标左键不放，拖动到快捷批处理图标上，如图10-23所示，即可将动作应用到新的图片上，如图10-24所示为应用了动作2的添加水印后的效果。

图10-22 需要处理的图片

图10-23 拖动到快捷批处理图标上

图10-24 添加水印后的效果

10.2.3 PDF 演示文稿

PDF 演示文稿可以使用多种图像创建多页面文档或放映幻灯片演示文稿。下面以具体操作讲解制作 PDF 演示文稿的方法。

步骤01 在 Photoshop 软件中打开两张图片，如图 10-25 所示。

图 10-25 打开两张图片

步骤02 执行【文件】→【自动】→【PDF演示文稿】命令，打开【PDF演示文稿】对话框，如图 10-26 所示。勾选【添加打开的文件】复选框，将打开的图片添加到对话框中，如图 10-27 所示。

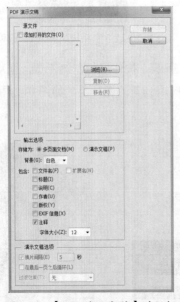

图 10-26 【PDF演示文稿】对话框

图 10-27 勾选【添加打开的文件】复选框

步骤03　单击【存储】按钮，打开【存储】对话框，选择存储路径，如图10-28
所示。单击【保存】按钮，打开【存储Adobe PDF】对话框，可以选择存储的质量类型，
有【一般】、【压缩】、【输出】、【安全性】、【小结】可供选择，一般默认为【一般】，如
图10-29所示。

步骤04　设置完成后单击【存储PDF】按钮，即可生成PDF文件，如图10-30所示。

图10-28　选择存储路径

图10-29　【存储Adobe PDF】对话框

图10-30　PDF文件

10.2.4　联系表Ⅱ

如果想将作品或多张图片集中在一起展示，使用联系表Ⅱ可以快速地达到此效果。

下面介绍其具体操作步骤。

步骤01　执行【文件】→【自动】→【联系表II】命令，打开【联系表II】对话框，单击【选取】按钮，如图10-31所示。在打开的【选择文件夹】对话框中选择"素材文件\第10章\联系表"文件夹，如图10-32所示。

步骤02　单击【确定】按钮，在对话框中出现源图像位置，如图10-33所示。再在对话框中设置【宽度】、【高度】、【分辨率】、【模式】、【列数】、【行数】等参数，如图10-34所示。

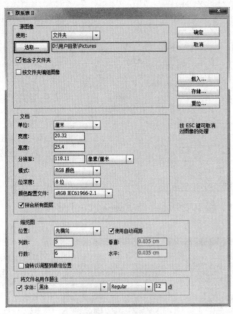

图10-31　【联系表II】对话框

图10-32　【选择文件夹】对话框

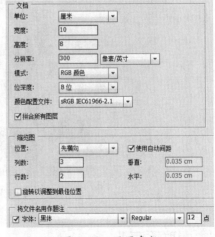

图10-33　在对话框中出现源图像位置

图10-34　设置参数

步骤03　单击【确定】按钮，即可创建联系表，如图10-35所示。

图10-35　创建联系表

课堂范例——快速批量调整图片宽度

步骤01　按【Ctrl+O】组合键，打开本书配套下载资源中的"素材文件\第10章\婚纱\1.jpg"文件。在【动作】面板下方单击【新建动作】按钮🔲，打开【新建动作】对话框，单击【记录】按钮，如图10-36所示。

步骤02　在文件标题栏右击，在弹出的快捷菜单中选择【图像大小】命令，如图10-37所示。

图10-36　【新建动作】对话框　　　图10-37　选择【图像大小】命令

步骤03　在打开的【图像大小】对话框中可以查看图像的宽度和高度，如图10-38所示。修改【宽度】为400像素，如图10-39所示，单击【确定】按钮。

步骤04　在【动作】面板中单击【停止播放/记录】按钮■，完成动作的记录，如图10-40所示。执行【文件】→【自动】→【批处理】命令，打开【批处理】对话框，单击【选择】按钮，如图10-41所示。

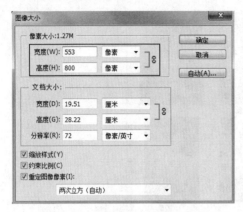 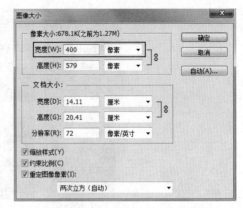

图10-38 查看图像的宽度和高度　　　　图10-39 修改【宽度】为400像素

 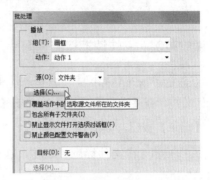

图10-40 单击【停止播放/记录】按钮　　图10-41 【批处理】对话框

步骤05 在打开的【浏览文件夹】对话框中选择"素材文件\第10章\婚纱"文件夹，如图10-42所示。单击【确定】按钮，在对话框中出现【源】文件夹位置，如图10-43所示。

 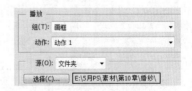

图10-42 【浏览文件夹】对话框　　　图10-43 在对话框中出现【源】文件夹位置

步骤06 在"结果文件\第10章"中新建一个空文件夹，取名为"调整宽度"，如图10-44所示。在【批处理】对话框中选择【目标】为【文件夹】，如图10-45所示。

步骤07 单击【目标】下方的【选择】按钮，如图10-46所示。在打开的【浏览文件夹】对话框中选择"结果文件\第10章\调整宽度"文件夹，如图10-47所示。

图 10-44　新建一个空文件夹

图 10-45　选择【目标】为【文件夹】

图 10-46　单击【选择】按钮

图 10-47　【浏览文件夹】对话框

步骤08　单击【确定】按钮，在对话框中出现【目标】文件夹位置，如图10-48所示。单击【确定】按钮，弹出如图10-49所示的对话框，继续单击【确定】按钮，即可将调整宽度后的图片保存在"结果文件\第10章\调整宽度"文件夹中，如图10-50所示。

目标(D)：文件夹
选择(H)…　E:\5月PS\结果\第10章\调整宽度\

图 10-48　出现【目标】文件夹位置

图 10-49　单击【确定】按钮

图 10-50　将图片保存在文件夹中

步骤09　打开"结果文件\第10章\调整宽度"文件夹中的一张图片，在文件标题栏右击，在弹出的快捷菜单中选择【图像大小】命令查看新的宽度，如图10-51所示。此时可以看到，"素材文件\第10章\婚纱"文件夹中的图片宽度一次性改为了400像素，如图10-52所示。

图 10-51　选择【图像大小】命令

图 10-52　宽度改为了400像素

课堂问答

　　在学习了本章有关任务自动化的内容后，还有哪些需要掌握的难点知识呢？下面将为读者讲解本章的疑难问题。

　　问题❶：【动作】面板与批处理有何区别？

　　答：【动作】面板记录了动作后，若要对其他图片运用相同动作，需要一张张地单击【播放选定的动作】按钮，不便于处理大量图片。而批处理结合【动作】面板，可以一次性处理大量的图片，提高工作效率。

　　问题❷：快捷批处理有什么特殊功能？

　　答：快捷批处理可以创建一个.exe可执行文件，用户运行此文件后，可以将动作应用于一个或多个图像，还可以将快捷批处理图标拖到需要处理的图像文件夹中。可以随时对新的图片应用保存好的批处理功能。

上机实战——利用动作快速制作素描效果

　　通过本章的学习，为了让读者能巩固本章知识点，下面讲解一个技能综合案例，使大家对本章的知识有更深入的了解。案例效果如图10-53所示。

图 10-53　案例效果图

思路分析

本例介绍的是利用动作快速制作素描效果的方法。先新建一个动作，制作素描效果，再打开其他图片，播放动作即可。

制作步骤

步骤01　按【Ctrl+O】组合键，打开本书配套下载资源中的"素材文件\第10章\花.jpg"文件，如图10-54所示。在【动作】面板下方单击【新建动作】按钮，打开【新建动作】对话框，单击【记录】按钮，如图10-55所示。

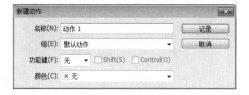

图 10-54　打开素材　　　　　　　　　　图 10-55　【新建动作】对话框

步骤02　执行【图像】→【调整】→【去色】命令，将图像变为黑白，如图10-56所示。执行【滤镜】→【风格化】→【查找边缘】命令，制作素描效果，如图10-57所示。

图 10-56　将图像变为黑白　　　　　　　图 10-57　制作素描效果

步骤03 在【动作】面板中单击【停止播放/记录】按钮■，完成动作的记录。此时就可以将其他图片快速制作成素描效果，而不需要重复前面的操作。如按【Ctrl+O】组合键，打开本书配套下载资源中的"素材文件\第10章\饰品.jpg"文件，如图10-58所示；单击【播放动作】按钮▶，即可快速得到素描效果，如图10-59所示。

图 10-58 打开素材文件

图 10-59 快速得到素描效果

🌐 同步训练——批处理添加水印

通过上机实战案例的学习，为了增强读者动手能力，下面安排一个同步训练案例，让读者达到举一反三，触类旁通的学习效果。图解流程如图10-60所示。

图解流程

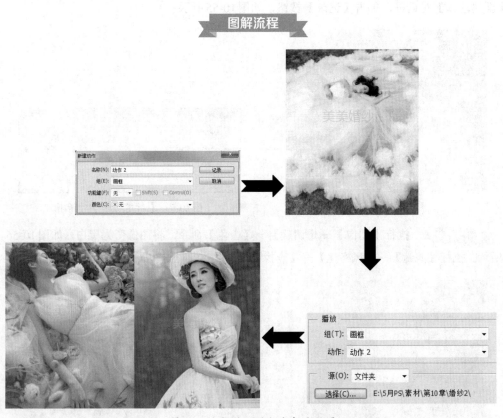

图 10-60 批处理添加水印流程图

本例介绍的是批处理添加水印的方法，先新建一个动作，制作水印，再使用批处理命令为多张图片快速添加水印。

关键步骤

步骤01　按【Ctrl+O】组合键，打开本书配套下载资源中的"素材文件\第10章\婚纱 2/1.jpg"文件。在【动作】面板下方单击【新建动作】按钮，打开【新建动作】对话框，单击【记录】按钮，如图10-61所示。下面使用文字工具制作水印，如图10-62所示。

图10-61　【新建动作】对话框　　　　　　图10-62　输入文字

步骤02　在【图层】面板中将【不透明度】设置为40%，如图10-63所示；图像效果如图10-64所示。

图10-63　【不透明度】设置为40%　　　　图10-64　图像效果

步骤03　选择动作和源文件夹，如图10-65所示。在"结果文件\第10章"中新建一个空文件夹，取名为"水印"，再选择其为目标文件夹，如图10-66所示。

播放
组(T): 画框
动作: 动作 2
源(O): 文件夹
选择(C)... E:\5月PS\素材\第10章\蜡纱2\

图 10-65 选择动作和源文件夹

目标(D): 文件夹
选择(H)... E:\5月PS\结果\第10章\水印\

图 10-66 选择目标文件夹

步骤04 单击【确定】按钮，弹出如图10-67所示的【存储为】对话框，单击
【保存】按钮，即可将添加水印后的图片保存在"结果文件\第10章\水印"文件夹中，
如图10-68所示。

图 10-67 【存储为】对话框

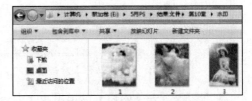

图 10-68 图片保存在文件夹中

步骤05 此时，可以看到"结果文件\第10章\水印"文件夹中的所有图片都添加
了水印，如图10-69所示。

图 10-69 所有图片都添加了水印

知识与能力测试

本章介绍了Photoshop中任务自动化的操作，为对知识进行巩固和考核，布置相应的练习题。

一、填空题

1．使用＿＿＿＿可以记录、播放、编辑和删除动作，还可以存储和载入动作文件。

2．＿＿＿＿就像是一个应用程序，当把需要处理的图片拖曳到批处理图标上时，会自动对图片进行批处理。

二、选择题

1．（　　）不是【动作】面板的功能。

　　A．快速更改图片大小　　　　　　　　B．快速应用滤镜效果

　　C．一次性处理多张图片　　　　　　　D．快速加水印

2．以下能将多张图片规范地制作成一张图片的是（　　　）。

　　A．联系表Ⅱ　　　　B．联系表　　　　C．批处理　　　　D．PDF演示文稿

三、简答题

1．简述Photoshop中联系表Ⅱ的功能。

2．批处理文件与创建快捷批处理有何不同？

CS6
PHOTOSHOP

第11章
商业案例实训

　　学习了 Photoshop 中各种工具命令的使用后，本章将制作一些综合实例，包括房产广告设计、相机广告设计和冰淇淋包装设计。让读者在实际操作中水平得到进一步的提高，最后能举一反三，学会商业广告设计的方法。

学习目标

- 学会房产广告设计的方法
- 学会相机广告设计的方法
- 学会冰淇淋包装设计的方法

11.1 房产广告设计

下面来设计一个房产广告，效果展示如图11-1所示。

效果展示

图 11-1　效果图

思路分析

本例是一个房产广告设计，先使用图层蒙版、云彩滤镜、调整图层等制作广告的背景，再使用文字工具、图层蒙版、图层样式等制作广告的文字、图标等内容。

制作步骤

步骤01　按【Ctrl+N】组合键，新建一个空白文件。单击【图层】面板下面的【创建新组】按钮🗀，创建组1。按【Ctrl+O】组合键，打开本书配套下载资源中的"素材文件\第11章\云.jpg"文件，如图11-2所示。

步骤02　选择工具箱中的【移动工具】➤+，将素材拖到新建的文件中。单击【图层】面板下方的【添加蒙版】按钮⬜，为【云】图层添加蒙版。选择工具箱中的【画笔工具】🖌，画笔为柔边，设置前景色为黑色，在素材上涂抹，隐藏上下的图像，如图11-3所示。

图 11-2　打开素材

图 11-3　隐藏上下的图像

步骤03　选择工具箱中的【矩形选框工具】 ，绘制矩形选区。选择工具箱中的
【渐变工具】 ，为其填充蓝色到深蓝色的渐变色，按【Ctrl+D】组合键，取消选区，
如图11-4所示。

步骤04　单击【图层】面板下方的【添加蒙版】按钮 ，为图层添加蒙版。选择
工具箱中【渐变工具】 ，并在其选项栏中单击【线性渐变】按钮 ，设置颜色为黑色
到白色的渐变色，在如图11-5所示的位置由上向下拖动光标，释放鼠标后得到如图11-6
所示的效果。

图11-4　绘制矩形

图11-5　拖动光标

图11-6　隐藏图像

步骤05　在【图层】面板中单击【创建新的填充或调整图层】按钮 ，在弹出
的菜单中选择【渐变】命令，在打开的【渐变填充】对话框中设置颜色为蓝色到暗红
色的渐变色，其余参数设置如图11-7所示。单击【确定】按钮，得到如图11-8所示的
效果。

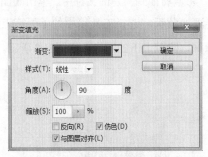
图11-7　【渐变填充】对话框

图11-8　渐变色

步骤06　将生成的【渐变填充1】图层拖到【图层1】的下方，如图11-9所示。此
时图像效果如图11-10所示。

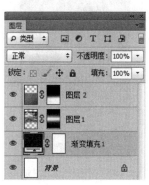

图11-9 【图层】面板

图11-10 图像效果

步骤07 选择工具箱中的【渐变工具】 ，在【渐变编辑器】对话框中设置渐变色为黄色到透明色的渐变色，如图11-11所示。

温馨提示 选中不透明度色标，在不透明度文本框中设置不透明度为0%，即可得到透明色。

图11-11 【渐变编辑器】对话框

步骤08 新建图层，单击【线性渐变】按钮 ，在如图11-12所示的位置从左上斜向右下拖动鼠标指针，释放鼠标后得到如图11-13所示的效果。

图11-12 拖动鼠标指针

图11-13 填充渐变色

步骤09 在【图层1】的下方新建一个图层，设置前景色为红色，选择工具箱中的【画笔工具】 ，设置画笔为柔边，在文件的右上角单击，得到如图11-14所示的效果。按【Ctrl+O】组合键，打开配套下载资源中的"素材文件\第11章\星空.jpg"文件，如图11-15所示。

图 11-14 绘制红色圆

图 11-15 打开素材

步骤10 选择工具箱中的【移动工具】▶╋，将素材拖到文件中，在【图层】面板中设置图层的混合模式为【滤色】，效果如图 11-16 所示。

步骤11 单击【图层】面板下方的【添加蒙版】按钮 ▣，为【云】图层添加蒙版。选择工具箱中的【画笔工具】✐，画笔为柔边，设置前景色为黑色，在"星空"素材上涂抹，隐藏部分图像，如图 11-17 所示。至此，背景制作完成，后面的图层都新建在组 1 的外面。

图 11-16 混合模式为【滤色】

图 11-17 隐藏部分图像

步骤12 设置前景色为默认的黑白色，新建图层，执行【滤镜】→【渲染】→【云彩】命令，得到如图 11-18 所示的效果。在【图层】面板中设置【云彩】图层的混合模式为【柔光】，效果如图 11-19 所示。

图 11-18 执行【云彩】命令

图 11-19 混合模式为【柔光】

步骤13 调整整个图层的色彩与亮度。在【图层】面板中单击【创建新的填充或调整图层】按钮◑，在弹出的菜单中选择【色彩平衡】命令，在打开的【属性】面板中设置参数如图11-20所示，得到如图11-21所示的效果。

图11-20　【属性】面板

图11-21　色彩平衡

步骤14 在【图层】面板中单击【创建新的填充或调整图层】按钮◑，在弹出的菜单中选择【曲线】命令，在打开的【属性】面板中调整曲线，如图11-22所示；得到如图11-23所示的效果。

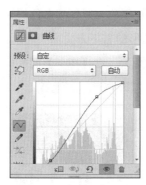

图11-22　【属性】面板

图11-23　图像效果

步骤15 按【Ctrl+O】组合键，打开本书配套下载资源中的"素材文件\第11章\建筑.jpg"文件，如图11-24所示。将素材拖到【云彩】图层的下方，得到如图11-25所示的效果。

图11-24　打开素材

图11-25　将素材拖到【云彩】图层的下方

步骤16 单击【图层】面板下方的【添加蒙版】按钮 ，为【云】图层添加蒙版。选择工具箱中的【画笔工具】 ，画笔为柔边，设置前景色为黑色，在素材上涂抹，隐藏建筑以外的图像，如图11-26所示。选择工具箱中的【多边形套索工具】 ，绘制一个选区。填充选区为黑色后取消选区，如图11-27所示。

图11-26 隐藏建筑以外的图像

图11-27 绘制图形

步骤17 下面做细节的处理。单击【图层】面板下方的【添加蒙版】按钮 ，为图层添加蒙版。选择工具箱中的【渐变工具】 ，设置颜色为黑色到白色的渐变色，在【渐变工具】选项栏中单击【线性渐变】按钮 ，在图形的右下方由下斜向上拖动光标，使图形右下角渐隐，释放鼠标后得到如图11-28所示的效果。在【图层】面板中设置图层的不透明度为13%，图像效果如图11-29所示。

图11-28 图形右下角渐隐

图11-29 设置不透明度后的效果

步骤18 选择工具箱中的【多边形套索工具】 ，在文件右下角绘制三角选区，填充选区为黑色后取消选区，如图11-30所示。在【图层】面板中设置图层的不透明度为33%，图像效果如图11-31所示。

步骤19 选择工具箱中的【横排文字工具】 T ，设置前景色为黄色。在图像上输入文字【红星海】，字体为黑体，使文字图层位于【云彩】图层的下方，文字效果如图11-32所示。

图 11-30　绘制图形

图 11-31　设置不透明度后的效果

步骤20　保持【文字】图层的选中状态，执行【图层】→【图层样式】→【描边】命令，打开【图层样式】对话框，设置【大小】为6，【不透明度】为20%，其他参数设置如图11-33所示。单击【确定】按钮，效果如图11-34所示。

图 11-32　输入文字

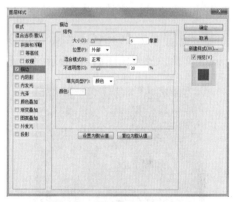

图 11-33　【图层样式】对话框

步骤21　按【Ctrl+O】组合键，打开配套下载资源中的"素材文件\第11章\放射线.psd"文件，将其放于文字的下方，如图11-35所示。

图 11-34　描边

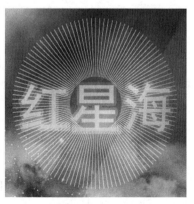

图 11-35　打开素材

步骤22　单击【图层】面板下方的【添加蒙版】按钮▣，为图层添加蒙版。选择
工具箱中的【渐变工具】■，设置颜色为黑色到白色的渐变色，在【渐变工具】选项栏
中单击【线性渐变】按钮▣，在如图11-36所示的位置由上向下拖动光标，释放鼠标后得
到如图11-37所示的效果。

图11-36　拖动光标　　　　　　　　　　　图11-37　蒙版效果

步骤23　按【Ctrl+O】组合键，打开配套下载资源中的"素材文件\第11章\五角
星线条.psd"文件，将其放于文字的下方，如图11-38所示。

步骤24　按【Ctrl+O】组合键，打开配套下载资源中的"素材文件\第11章\飘
带.psd"文件，放到如图11-39所示的位置。

　　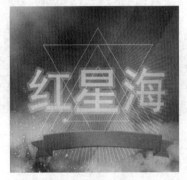

图11-38　打开素材1　　　　　　　　　　图11-39　打开素材2

步骤25　选择工具箱中的【横排文字工具】Ｔ，设置前景色为白色。在图像上输
入文字，字体为黑体，如图11-40所示。

步骤26　单击选项栏中的【创建文字变形】按钮，在打开的【变形文字】对话
框中选择【样式】为【扇形】，参数设置如图11-41所示；单击【确定】按钮，文字弧度
与飘带一致，如图11-42所示。

步骤27　在【云彩】图层的下方新建一个图层，选择工具箱中的【矩形工具】▣，
并选择选项栏中的【像素】选项，设置前景色为蓝色，绘制如图11-43所示的矩形。

步骤28　选择工具箱中的【渐变工具】■，设置颜色为黑、白、黑的渐变色，如
图11-44所示；在【渐变工具】选项栏中单击【线性渐变】按钮▣，从左向右水平拖动鼠
标指针，如图11-45所示；得到图11-46所示的效果。

图11-40 输入文字

图11-41 【变形文字】对话框

图11-42 文字弧度与飘带一致

图11-43 绘制矩形

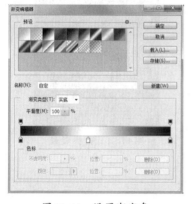

图11-44 设置渐变色

图11-45 拖动鼠标指针

（步骤29） 单击【图层】面板下方的【添加图层样式】按钮 _fx._，在弹出的菜单中选择【内发光】命令，在弹出的【图层样式】对话框中设置发光色为浅蓝，其余参数如图11-47所示。单击【确定】按钮，得到如图11-48所示的效果。

图11-46 渐变效果

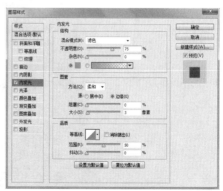

图11-47 【图层样式】对话框

步骤30　选择工具箱中的【横排文字工具】T，设置字体为黑体，颜色为【白色】，在图像上输入文字，单击选项栏中的【居中对齐文本】按钮 ≡，将文字居中对齐，如图11-49所示。

图11-48　外发光　　　　　　　　　　　　　　图11-49　输入文字

步骤31　按【Ctrl+O】组合键，打开本书配套下载资源中的"素材文件\第11章\红星海标志.jpg"文件，按【Ctrl+T】组合键调整大小后放于文件的左下角。选择工具箱中的【横排文字工具】T，在标志后面输入电话、地址，如图11-50所示；本例最终效果如图11-51所示。

图11-50　标志与文字　　　　　　　　　　　图11-51　最终效果

11.2　相机广告设计

下面设计一款相机的广告，效果展示如图11-52所示。

效果展示

图11-52　相机广告设计效果图

本例是一个相机广告设计,先使用图层混合模式、图层不透明度等制作广告的背景,再使用钢笔工具、减淡工具、图层样式等制作广告图形,最后使用文字工具制作文字。

制作步骤

步骤01 按【Ctrl+N】组合键,新建一个空白文件。选择工具箱中的【渐变工具】 ,并在选项框中单击【径向渐变】按钮 ,设置颜色为青色到蓝色的渐变色,如图11-53所示。

步骤02 新建图层,单击【线性渐变】按钮 ,在如图11-54所示的位置从内向边角拖动鼠标指针,释放鼠标后得到如图11-55所示的效果。

图11-53 设置渐变色

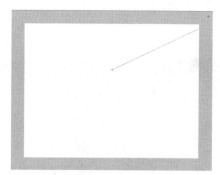

图11-54 拖动鼠标指针

步骤03 按【Ctrl+O】组合键,打开本书配套下载资源中的"素材文件\第11章\方格.psd"文件,如图11-56所示。

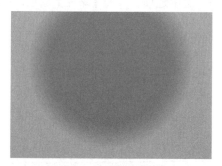

图11-55 填充渐变色

图11-56 打开素材

步骤04 选择工具箱中的【移动工具】 ,将素材拖到新建的文件中。在【图层】面板中设置图层的混合模式为【叠加】,效果如图11-57所示。

步骤05 按【Ctrl+O】组合键,打开本书配套下载资源中的"素材文件\第11章\花1.jpg"文件,如图11-58所示。选择工具箱中的【移动工具】 ,将素材拖到【背景】图层的上方。在【图层】面板中设置图层的混合模式为【滤色】,不透明度为45%,

效果如图11-59所示。

图11-57　混合模式为【叠加】

图11-58　打开素材

步骤06　选择工具箱中的【画笔工具】 ，在选项栏中设置画笔硬度为45%，如图11-60所示。分别设置前景色为黄色与浅绿色，在文件中单击，得到一个黄色的圆和一个蓝色的圆，如图11-61所示。

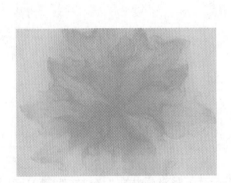

图11-59　混合模式为【滤色】

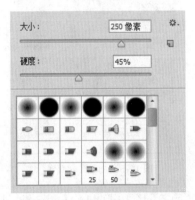

图11-60　设置画笔硬度为45%

步骤07　选择工具箱中的【钢笔工具】 ，选中选项栏中的【路径】选项，绘制如图11-62所示的6个路径。

图11-61　绘制圆

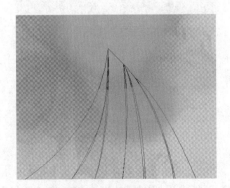

图11-62　绘制路径

步骤08　选中最上面的图层，单击【图层】面板下面的 按钮，创建组1。选择工具箱中的【路径选择工具】 ，选中左边第一个路径。新建图层，设置前景色为蓝色，单击【图层】面板下方的【用前景色填充】按钮 ，填充前景色，如图 11-63 所示。用相同的方法在组 1 中为其他路径填充，效果如图 11-64 所示。

图 11-63　填充前景色

图 11-64　填色

步骤 09　选择工具箱中的【直接选择工具】，调整每一个路径形状，如图 11-65 所示。按【Ctrl+Enter】组合键，将路径转换为选区，如图 11-66 所示。

图 11-65　调整路径

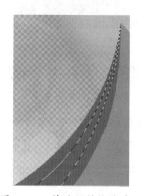

图 11-66　将路径转换为选区

步骤 10　按【Shift+F6】组合键，在打开的【羽化选区】对话框中设置【羽化半径】为 7 像素，如图 11-67 所示；单击【确定】按钮，得到如图 11-68 所示的效果。如果不羽化，减淡效果会显得生硬。

图 11-67　设置【羽化半径】

图 11-68　羽化

步骤 11　选择工具箱中的【减淡工具】，参数设置如图 11-69 所示，在选区内涂抹，取消选区后得到如图 11-70 所示的效果。

图 11-69　选项栏

步骤12　用相同的方法制作其他图形的立体效果，如图11-71所示。

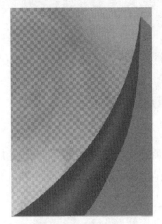

图 11-70　减淡

图 11-71　立体效果

步骤13　复制组1，生成组1副本。按【Ctrl+T】组合键，右击复制的图像，在弹出的快捷菜单中选择【垂直翻转】命令，再选择【水平翻转】命令，按【Enter】键确定，将图像移到如图11-72所示的位置。

步骤14　按【Ctrl+O】组合键，打开本书配套下载资源中的"素材文件\第11章\花2.psd"文件，选择工具箱中的【移动工具】，将素材拖到新建的文件中，如图11-73所示。

图 11-72　复制图形

图 11-73　素材

步骤15　按【Ctrl+O】组合键，打开本书配套下载资源中的"素材文件\第11章\相机.psd"文件，选择工具箱中的【移动工具】，将素材拖到新建的文件中，如图11-74所示。

步骤16　单击【图层】面板下方的【添加图层样式】按钮，在弹出的菜单中选择【外发光】命令，弹出【图层样式】对话框，发光色为浅黄色，其余参数设置如图11-75所示。单击【确定】按钮，得到如图11-76所示的效果。

图11-74 素材

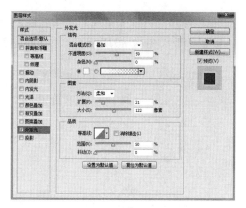

图11-75 参数设置

步骤17 选择工具箱中的【矩形选框工具】□，绘制矩形选框，如图11-77所示。

图11-76 外发光

图11-77 绘制矩形选框

步骤18 新建图层，选择工具箱中的【渐变工具】■，并在其选项栏中单击【线性渐变】按钮■，分别设置几个位置点颜色为白色，上方第一个和第三个色块的不透明度为0%，中间色块的不透明度为100%，如图11-78所示。在选框内从左向右拖动光标，填充渐变色，取消选区后效果如图11-79所示。

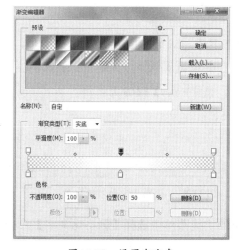

图11-78 设置渐变色

图11-79 星光

步骤19 执行【滤镜】→【模糊】→【高期模糊】命令，打开【高期模糊】对话框，设置参数如图11-80所示；单击【确定】按钮，效果如图11-81所示。

图11-80 【高期模糊】对话框　　　　　　图11-81 高期模糊

步骤20 按【Ctrl+T】组合键，右击复制的图形，在弹出的快捷菜单中选择【旋转90度】命令，按【Enter】键确定，将图形移到如图11-82所示的位置。复制多个星光，并改变其大小，如图11-83所示。

图11-82 星光　　　　　　　　　图11-83 复制多个星光

步骤21 选择工具箱中的【横排文字工具】 T，输入文字，字体为黑体，如图11-84所示。按【Ctrl+T】组合键，在选项栏中设置高度为120%，水平倾斜角度为-10°，如图11-85所示；文字如图11-86所示。按【Enter】键确认。

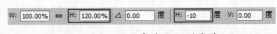

图11-84 输入文字　　　　　　　图11-85 设置高度和倾斜角度

步骤22 在【图层】面板右击，在弹出的快捷菜单中选择【删格化文字】命令，将文字分开后调整文字位置，如图11-87所示。

图 11-86 文字

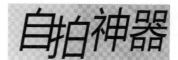

图 11-87 调整文字位置

步骤23 按住【Ctrl】键的同时，单击文字所在的图层，载入选区，如图11-88所示。选择工具箱中的【渐变工具】█，设置颜色为紫色到洋红色的渐变色，如图11-89所示；在【渐变工具】选项栏中单击【线性渐变】按钮█，从左向右水平拖动光标，取消选区后得到如图11-90所示的效果。

图 11-88 载入选区

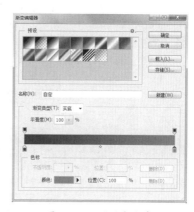

图 11-89 设置渐变色

步骤24 用相同的方法在广告语上方制作紫色到洋红色的渐变的英文，如图11-91所示。

图 11-90 渐变色

图 11-91 渐变的英文

步骤25 选择工具箱中的【横排文字工具】**T**，在选项栏中选择【字体】为黑体，在文件左下角输入文字，如图11-92所示。本例最终效果如图11-93所示。

图 11-92 输入文字

图 11-93 最终效果

11.3 冰淇淋包装设计

下面我们来设计一款冰淇淋包装袋，效果展示如图11-94所示。

效果展示

图11-94 冰淇淋包装袋设计效果图

思路分析

本例是一个冰淇淋包装设计，先使用钢笔工具、前景色填充、图层样式等制作广告的主体，再使用文字工具、钢笔工具等制作广告文字，最后使用钢笔工具、图层不透明度制作包装阴影效果。

制作步骤

步骤01 按【Ctrl+N】组合键，新建一个空白文件。选择工具箱中的【钢笔工具】，并选择选项栏中的【路径】选项，绘制如图11-95所示的路径。新建图层，设置前景色为浅蓝色，单击【图层】面板下方的【用前景色填充】按钮，填充前景色，如图11-96所示。

图11-95 绘制路径

图11-96 填色

步骤02 选择工具箱中的【钢笔工具】🖊️，并选择选项栏中的【路径】选项，绘制牛奶图形。新建图层，设置前景色为白色，单击【图层】面板下方的【用前景色填充】按钮⊙，填充前景色，如图11-97所示。

步骤03 单击【图层】面板下方的【添加图层样式】按钮ƒx，在弹出的菜单中选择【投影】命令，然后在打开的【图层样式】对话框中设置投影色为蓝色，其余参数设置如图11-98所示。单击【确定】按钮，得到如图11-99所示的效果。

图 11-97　绘制牛奶图形

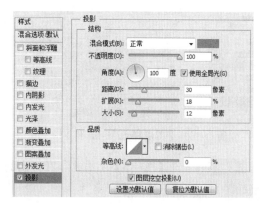

图 11-98　【图层样式】对话框

步骤04 在【图层2】上右击，在弹出的快捷菜单中选择【创建剪贴蒙版】命令，如图11-100所示；得到如图11-101所示的效果。

图 11-99　投影

图 11-100　选择【创建剪贴蒙版】命令

图 11-101　创建剪贴蒙版

步骤05 按【Ctrl+O】组合键，打开本书配套下载资源中的"素材文件\第11章\冰淇淋.psd"文件，选择工具箱中的【移动工具】➤⊹，将素材拖到新建的文件中，如图11-102所示。

图 11-102　将素材拖到新建的文件中

步骤06 单击【图层】面板下方的【添加图层样式】按钮 *fx.*，在弹出的菜单中选择【投影】命令，在打开的【图层样式】对话框中设置投影色为蓝色，其余参数设置如图 11-103 所示。单击【确定】按钮，得到如图 11-104 所示的效果。

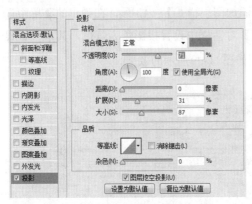

图 11-103 【图层样式】对话框   图 11-104 投影

步骤07 在【图层3】上右击，在弹出的快捷菜单中选择【创建剪贴蒙版】命令，得到如图 11-105 所示的效果。

步骤08 选择工具箱中的【钢笔工具】 *⌀*，并选择选项栏中的【路径】选项，绘制文字路径。新建图层，设置前景色为白色，单击【图层】面板下方的【用前景色填充】按钮 *◉*，填充前景色，如图 11-106 所示。再用相同的方法制作文字阴影部分，如图 11-107 所示。

图 11-105 创建剪贴蒙版   图 11-106 绘制文字路径   图 11-107 制作文字阴影部分

步骤09 选择工具箱中的【钢笔工具】 *⌀*，并选择选项栏中的【路径】选项，绘制文字路径。新建图层，设置前景色为蓝色，单击【图层】面板下方的【用前景色填充】按钮 *◉*，填充前景色，如图 11-108 所示。

步骤10 选中文字图层，单击【图层】面板下方的【添加图层样式】按钮 *fx.*，在弹出的菜单中选择【描边】命令，在打开的【图层样式】对话框中设置参数，如图

11-109所示。单击【确定】按钮，得到如图11-110所示的效果。

图11-108 绘制文字路径

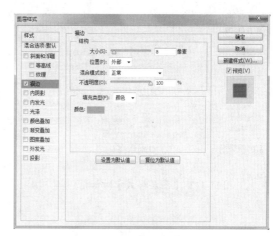

图11-109 【图层样式】对话框

步骤11 选择工具箱中的【文字工具】T，输入文字，颜色为绿色，字体为方正大标宋简体。单击选项栏中的【创建文字变形】按钮 ，在打开的【变形文字】对话框中选择【样式】为【旗帜】，参数设置如图11-111所示；单击【确定】按钮，文字如图11-112所示。

图11-110 描边

图11-111 【变形文字】对话框

图11-112 文字变形

步骤12 单击【图层】面板下方的【添加图层样式】按钮 ，在弹出的菜单中选择【投影】命令，在打开的【图层样式】对话框中设置投影色为白色，其余参数设置如图11-113所示。单击【确定】按钮，得到如图11-114所示的效果。

步骤13 选择工具箱中的【文字工具】T，设置字体为黑体，在图像上输入文字【净含量：95克】，如图11-115所示。

步骤14 按【Ctrl+O】组合键，打开本书配套下载资源中的"素材文件\第11章\冰淇淋标志.psd"文件，选择工具箱中的【移动工具】 ，将素材拖到新建的文件中，如图11-116所示。

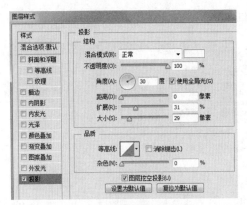

图11-113 【图层样式】对话框

图11-114 投影

图11-115 输入文字

图11-116 将素材拖到新建的文件中

步骤15 新建图层，选择工具箱中的【矩形工具】 ■，并选择选项栏中的【像素】选项，设置前景色为浅蓝色，拖动光标，在图形最上方绘制如图11-117所示的矩形。

步骤16 新建图层，选择工具箱中的【钢笔工具】 ，并选择选项栏中的【像素】选项，设置前景色为白色，拖动光标，绘制如图11-118所示的三角形。

步骤17 执行【窗口】→【动作】命令，打开【动作】面板。单击【动作】面板下方的【新建动作】按钮 ，弹出如图11-119所示的【新建动作】对话框，单击【记录】按钮，开始记录动作。

图11-117 绘制矩形

图11-118 绘制三角形

步骤18 选择工具箱中的【移动工具】 ，并选中选项栏中的【自动选择】选项，同时按住【Shift+Alt】组合键，向右复制三角形。

步骤19 单击【动作】面板下方的【停止播放/记录】按钮 ，停止记录。不断单击【动作】面板下方的【播放动作】按钮 ，重复复制三角形，如图11-120所示。不断按【Ctrl+E】组合键，将所有三角形合并。

图 11-119 【新建动作】对话框

图 11-120 复制三角形

步骤20 按住【Ctrl】键的同时，单击三角形所在的图层，载入选区，隐藏三角形所在的图层，如图 11-121 所示。

步骤21 选中下面的蓝色矩形，按【Delete】键，删除选区内的图形；按【Ctrl+D】组合键，取消选区。复制蓝色图形，将其垂直翻转后移到包装的下边，如图 11-122 所示。

图 11-121 载入选区

图 11-122 复制并垂直翻转图形

步骤22 选择工具箱中的【钢笔工具】，并选择选项栏中的【路径】选项，绘制阴影路径，如图 11-123 所示。新建图层，设置前景色为灰色，单击【图层】面板下方的【用前景色填充】按钮，填充前景色，使用模糊工具模糊图形。设置图层不透明度为 20%，效果如图 11-124 所示。

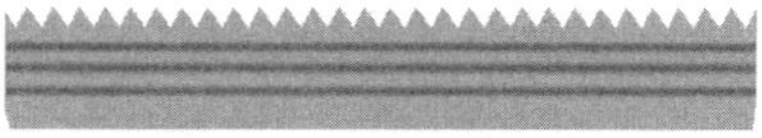

图 11-123 绘制阴影路径

图 11-124 设置图层不透明度

步骤23 复制阴影，放到包装的最下方，如图 11-125 所示。选择工具箱中的【钢笔工具】，绘制阴影图形，执行【滤镜】→【模糊】→【高斯模糊】命令，将其模糊，如图 11-126 所示。

步骤24 设置图层不透明度为 60%，效果如图 11-127 所示。复制阴影，将其水平翻转，置于包装的右边，如图 11-128 所示。用相同的方法制作高光，本例最终效果如图 11-129 所示。

净含量：95克

图 11-125　复制阴影

图 11-126　将其模糊

图 11-127　设置图层不透明度

图 11-128　复制阴影

图 11-129　最终效果

CS6
PHOTOSHOP

附录A

Photoshop CS6 工具与
快捷键索引

矩形、椭圆选框工具【M】	直接选取工具【A】
裁剪工具【C】	文字、文字蒙版、直排文字、直排文字蒙版【T】
移动工具【V】	矩形工具【U】
套索、多边形套索、磁性套索【L】	渐变工具【G】
魔棒工具【W】	吸管、颜色取样器【I】
修复画笔工具【J】	抓手工具【H】
画笔工具【B】	缩放工具【Z】
仿制图章、图案图章【S】	默认前景色和背景色【D】
历史记录画笔工具【Y】	切换前景色和背景色【X】
橡皮擦工具【E】	切换标准模式和快速蒙版模式【Q】
减淡、加深、海绵工具【O】	标准屏幕模式、带有菜单栏的全屏模式、全屏模式【F】
钢笔、自由钢笔、磁性钢笔【P】	

CS6
PHOTOSHOP

隐藏/显示画笔面板【F5】	关闭当前图像【Ctrl+W】
隐藏/显示颜色面板【F6】	保存当前图像【Ctrl+S】
隐藏/显示图层面板【F7】	另存为…【Ctrl+Shift+S】
隐藏/显示信息面板【F8】	打印【Ctrl+P】
隐藏/显示动作面板【F9】	打开【首选项】对话框【Ctrl+K】
【填充】对话框【Shift+F5】	还原/重做前一步操作【Ctrl+Z】
羽化【Shift+F6】	还原两步以上操作【Ctrl+Alt+Z】
隐藏选定区域【Ctrl+H】	重做两步以上操作【Ctrl+Shift+Z】
取消选定区域【Ctrl+D】	自由变换【Ctrl+T】
关闭文件【Ctrl+W】	从中心或对称点开始变换(在自由变换模式下)【Alt】
退出 Photoshop【Ctrl+Q】	限制(在自由变换模式下)【Shift】
取消操作【Esc】	扭曲(在自由变换模式下)【Ctrl】
新建图形文件【Ctrl+N】	显示或隐藏工具箱和调色板【Tab】
打开已有的图像【Ctrl+O】	显示或隐藏除工具以外的其他面板【Shift+Tab】

CS6
PHOTOSHOP

下载、安装和卸载
Photoshop CS6

一、下载 Photoshop CS6

在百度中搜索关键词【下载 Photoshop CS6】即可搜索到 Photoshop CS6 的下载页面，如图 C-1 所示。

图 C-1　Photoshop CS6 下载页面

二、安装 Photoshop CS6

Photoshop CS6 安装过程较长，需要耐心等待。如果计算机中已经有其他版本的 Photoshop 软件，在进行新版本的安装前，不需要卸载其他版本，但需要将运行的软件关闭。具体安装步骤如下。

步骤01　打开 Photoshop CS6 安装包，双击 Setup.exe 图标，运行安装程序，并初始化。初始化完成后，显示【欢迎】窗口，单击【安装】按钮，如图 C-2 所示。

步骤02　显示【Adobe 软件许可协议】界面，单击【接受】按钮，如附图 C-3 所示。

图 C-2　单击【安装】按钮

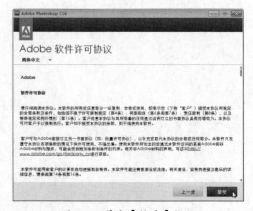

图 C-3　单击【接受】按钮

步骤03 在弹出的窗口中输入正确的序列号，单击【下一步】按钮，如图C-4所示。

步骤04 在【选项】界面，单击【浏览到安装位置】按钮，可对安装位置进行更改；默认的安装位置为C盘，可根据个人习惯选择安装位置。单击右下角的【安装】按钮，如图C-5所示。

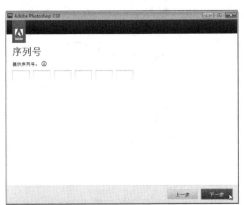

图C-4 单击【下一步】按钮

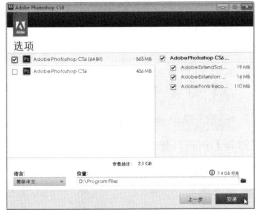

图C-5 单击【安装】按钮

步骤05 系统自行安装软件时，对话框中会显示安装进度，安装过程需要较多时间，在【当前正在安装】下方可以查看安装进度和剩余时间，如图C-6所示。

步骤06 当安装完成时，在界面中会提示此次安装完成。单击右下角的【关闭】按钮即可关闭窗口，如图C-7所示。

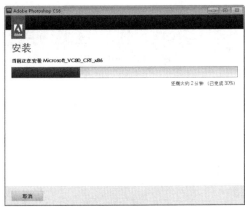

图C-6 安装进度

图C-7 安装完成

三、卸载 Photoshop CS6

卸载 Photoshop CS6需要使用Windows的卸载程序，具体步骤如下。

步骤01 打开Windows控制面板，单击【程序和功能】图标，如图C-8所示。在打开的对话框中选择【Adobe Photoshop CS6】，如图C-9所示。

图 C-8　单击【程序和功能】

图 C-9　选择【Adobe Photoshop CS6】

步骤02　单击【卸载】选项，如图 C-10 所示。弹出【卸载选项】对话框，单击
【卸载】按钮开始卸载，如图 C-11 所示。窗口中会显示卸载速度；如果要取消卸载，可
以单击【取消】按钮。

图 C-10　单击【卸载】选项

图 C-11　开始卸载

CS6
PHOTOSHOP

为了强化学生的上机操作能力，专门安排了以下上机实训项目，教师可以根据教学进度与教学内容，合理安排学生上机训练操作的内容。

实训一：3D文字

在Photoshop CS6中，制作如图D-1所示的3D文字效果。

素材文件	素材文件\综合上机实训素材文件\3D文字背景
结果文件	结果文件\综合上机实训结果文件\3D文字.psd

图D-1　3D文字

操作提示

3D文字具有很强的立体效果。在制作时，将文字分为多个面来进行颜色、形状上的变化，得到文字的立体效果。然后再添加上漂亮的背景图像，让画面效果更加完美。主要操作步骤如下。

（1）制作渐变背景，使用横排文字工具输入文字，将文字旋转一定角度。

（2）复制文字并移开一定距离，复制的文字改为深色，制作出立体文字的效果。

（3）通过加深和减淡工具对文字不同的面填充不同的颜色，让文字具有立体效果，最后再加上漂亮的背景就完成了。

实训二：牛奶斑点字

在Photoshop CS6中，制作如图D-2所示的牛奶斑点字效果。

素材文件	无
结果文件	结果文件\综合上机实训结果文件\牛奶斑点字.psd

图D-2　牛奶斑点字

操作提示

牛奶斑点文字在画面中使用了灰色和白色相接的背景图像，这样能更好地表现牛奶的特殊效果。主要操作步骤如下。

（1）制作背景，使用横排文字工具输入文字，颜色为白色。

（2）使用套索工具绘制斑点选区，填充选区内的图像为黑色，

（3）按住【Ctrl】键单击【文字】图层，载入文字选区，然后反选选区，选中【斑点】图层，删除选区外的部分。

（4）使用图层样式中的【斜面和浮雕】及【投影】样式制作立体效果。复制牛奶斑点文字，将其垂直翻转，最后再使用图层蒙版制作倒影效果。

实训三：调整图片的色调

在 Photoshop CS6 中，制作如图 D-3 所示的调整图片的色调效果。

素材文件	素材文件\综合上机实训素材文件\美女.jpg
结果文件	结果文件\综合上机实训结果文件\调整图片的色调.jpg

图 D-3 调整图片的色调

操作提示

在进行设计时，有的图片效果不是很好，需要调整色调。操作步骤如下。

（1）打开图片，使用【色阶】命令调整图片的亮度，注意不要调得太过。

（2）使用【调整】菜单中的【变化】命令，增加蓝色调，完成本例的制作。

实训四：改变衣服颜色

在 Photoshop CS6 中，制作如图 D-4 所示的改变衣服颜色的效果。

素材文件	素材文件\综合上机实训素材文件\改变衣服颜色.jpg
结果文件	结果文件\综合上机实训结果文件\改变衣服颜色.jpg

图D-4　改变衣服颜色

操作提示

在设计中，经常需要对整体或局部的图片改变颜色。操作步骤如下。

（1）使用磁性套索工具选中衣服，或使用钢笔工具沿衣服绘制路径，再将路径转换为选区。

（2）使用【色相/饱和度】命令改变衣服的颜色，最后再取消选区即可。

实训五：青砖纹理

在Photoshop CS6中，制作如图D-5所示的青砖纹理效果。

素材文件	无
结果文件	结果文件\综合上机实训结果文件\青砖纹理.psd

图D-5　青砖纹理

砖块一般都是红色的，青色给人一种特殊视觉效果，画面看起来有一种冷金属质感。操作步骤如下。

（1）使用【云彩】和【底纹效果】滤镜，制作出砖块底纹效果。

（2）运用铅笔工具绘制出砖块线条，通过【光照】滤镜得到立体砖块，最后再对砖块做整体色调的调整。

实训六：洞穴效果

在Photoshop CS6中，制作如图D-6所示的洞穴效果。

素材文件	无
结果文件	结果文件\综合上机实训结果文件\洞穴效果.psd

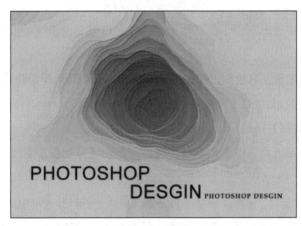

图D-6　洞穴

洞穴效果画面使用墨土黄色为主要色调，并且制作出了石块般坚硬的质感，然后使用逐渐加深的感觉，给人一种洞穴凹进去的效果。操作步骤如下。

（1）使用【云彩】滤镜、【晶格化】滤镜和【中间值】滤镜制作出普通洞穴的造型。使用【光照效果】滤镜和【USM锐化】滤镜加深效果。

（2）混合模式设置为【正片叠底】，填充设置为75%，单击【创建新的填充或调整图层】按钮，选择【渐变映射】选项，设置渐变色。最后使用横排文本工具加上文字，完成制作。

实训七：水晶按钮

在Photoshop CS6中，制作如图D-7所示的水晶按钮效果。

素材文件	无
结果文件	结果文件\综合上机实训结果文件\水晶按钮.psd

图 D-7 水晶按钮

操作提示

水晶按钮制作中特意制作了反光效果，并且在投影上也添加了按钮原本的颜色。操作步骤如下。

（1）使用圆角矩形工具绘制出按钮的基本形状。复制圆角矩形将其缩小制作出边框。

（2）使用图层样式中的【渐变叠加】得到渐变的边框。再对按钮添加【内阴影】、【外发光】、【渐变叠加】样式。

（3）使用【椭圆选框工具】创建椭圆选框，单击【添加图层蒙版】按钮，得到按钮上方的高光图形。

（4）载入按钮选区，使用【描边】命令添加白色的描边，添加图层蒙版，在蒙版中填充渐变色，将白色描边的下半部分遮盖。复制按钮，再使用图层蒙版结合渐变工具制作倒影。

实训八：画册封面设计

在 Photoshop CS6 中，制作如图 D-8 所示的画册封面。

素材文件	素材文件\综合上机实训素材文件\素材 1.jpg、素材 2.psd、素材 3.jpg
结果文件	结果文件\综合上机实训结果文件\画册封面 .psd

操作提示

本实训案例制作的是一个画册封面设计。操作步骤如下。

（1）打开素材 1，制作渐变的背景，将素材 1 所在图层的不透明度调整为 10%，再在其下方新建一个图层，填充背景色。

（2）拖入素材 2，改变其颜色为浅棕色。用画笔工具中的笔刷刷出笔触图形。

（3）使用横排文本工具输入企业名称，拖入素材 3，使用剪贴蒙版制作出图案文字。

再使用横排文本工具输入其他文字。

图 D-8　画册封面

实训九：宣传册内页设计

在 Photoshop CS6 中，制作如图 D-9 所示的宣传册内页。

素材文件	素材文件\综合上机实训素材文件\素材 4. psd、素材 5.psd、素材 6. psd
结果文件	结果文件\综合上机实训结果文件\宣传册内页 .psd

图 D-9　宣传册内页

本例的实训制作的是一个京剧宣传册的内页。操作步骤如下。

（1）新建一个黑色背景的文件，将素材4与素材5拖入文件中。

（2）使用直排文本工具输入文字，改变文字的大小与颜色，再将素材6去除背景后拖入文件中，完成本例的制作。

实训十：标志设计

在 Photoshop CS6 中，制作如图 D-10 所示的标志设计。

素材文件	无
结果文件	结果文件 \ 综合上机实训结果文件 \ 标志设计 .psd

图 D-10 标志设计

标志设计有3个方面，一是图形，二是文字，三是图形结合文字，本例制作的是一个化妆品标志。操作步骤如下。

（1）使用钢笔工具绘制花瓣图形，为其填充颜色，使用【斜面和浮雕】样式制作立体效果。

（2）按【Ctrl+T】组合键，将中心点移动到花瓣下方，将花瓣旋转一定角度，按【Enter】键确认。

（3）按【Ctrl+Shift+Alt+T】组合键两次，复制两个花瓣。最后再使用横排文本工具输入文字。

CS6
PHOTOSHOP

附录E
知识与能力总复习题1

（全卷：100分   答题时间：120分钟）

一、选择题：（每题3分，共10小题，共计30分）

1. 下面关于路径的说法不正确的是（   ）。

    A．路径和选区可以互相转换   B．形状既有路径又有填色

    C．路径可以调整大小   D．路径不能复制

2. 色阶的快捷键是（   ）。

    A．【Ctrl+Z】   B．【Ctrl+L】

    C．【Ctrl+T】   D．【Ctrl+Shift+L】

3. Photoshop中可以将曲线转换为直线并类似于CorelDRAW中尖突节点用法的工具是（   ）。

    A．转换锚点工具   B．直接选择工具

    C．钢笔工具   D．路径选择工具

4. 图像分辨率的单位是（   ）。

    A．DPI   B．PPI

    C．LPI   D．PIXEL

5. 改变图像大小时按（   ）组合键可显示出变换框。

    A．【Ctrl+M】   B．【Shift+M】

    C．【Shift +T】   D．【Ctrl+T】

6. 不属于渐变填充方式的是（   ）。

    A．直线渐变   B．角度渐变   C．对称渐变   D．径向渐变

7. 使用圆形选框工具时，需配合（   ）键才能绘制出正圆。

    A．【Shift】   B．【Ctrl】

    C．【TAB】   D．Photoshop不能画正圆

8. 若当前选择的是矩形选框工具，需要切换到椭圆选框工具，应该使用的快捷键是（   ）。

    A．【Shift+M】   B．【M】

    C．【Shift+N】   D．【N】

9. 将路径转换为选区的快捷键是（   ）。

    A．【Shift +空格键】   B．【Shift +Enter】

    C．【Ctrl+Enter】   D．【Ctrl +空格键】

10. 在缩放对象时，按快捷键（　　　）可以等比例缩放图像。

A.【Shift】   B.【Shift +Alt】

C.【Ctrl】   D.【Alt】

二、填空题：（每空 1 分，共 7 小题，共计 20 分）

1. Photoshop 是_____公司推出的_____软件。

2. 前景色和背景色默认的是_____和_____，按键盘上的_____键可以将前景色与背景色变成默认的颜色。按键盘上的_____键，可以将当前工具箱中的前景色与背景色互换。

3. 填充前景色的快捷键是_____，填充背景色的快捷键是_____。

4. 在 Photoshop 中一个文件最终需要印刷，其分辨率应设置在_____像素/英寸，图像色彩方式为_____；一个文件最终需要在网络上观看，其分辨率应设置在_____像素/英寸，图像色彩方式为_____。

5. 按键盘上的_____键可以将工具箱、属性栏和控制面板同时显示或隐藏。

6. 在 RGB【颜色】面板中【R】是_____色，【G】是_____色，【B】是_____色。

7. 在 Photoshop 软件中，文字工具的快捷键是_____，画笔工具的快捷键是_____，移动工具的快捷键是_____，渐变填充工具的快捷键是_____。

三、判断题：（每题 3 分，共 10 小题，共计 30 分）

1. 快速选中不同图层中的图像的方法是选中工具选项栏中的【自动选择】选项。

（　　　）

2.【背景】图层总是位于最底层，不能进行移动、改变大小、填充等操作，【图层】面板中的【背景】图层双击解锁后可进行前面的操作。　　　　　（　　　）

3. 若要在同一文件中复制通道可直接将要复制的通道拖到【通道】面板底部的【创建新通道】按钮上。　　　　　　　　　　　　　　　　　　　（　　　）

4. 利用通道选取图像时，黑色区域会被选中，白色区域不会被选中。　（　　　）

5. 通道用来保存图像的颜色数据和存储图像选区。　　　　　　　　　（　　　）

6. 在使用绘制路径的工具时，选中【像素】选项，既能生成路径，又能生成填色。

（　　　）

7. 利用【阈值】命令不可以将一幅灰度或色彩图像转换为高对比度的黑白图像。

（　　　）

8. 通道的操作方法与图层不相似，不可以复制和删除。　　　　　　　（　　　）

9. 新建图层和复制图层的操作方法相同。　　　　　　　　　　　　　（　　　）

10. 移动图像和移动选区都是使用移动工具。　　　　　　　　　　　　（　　　）

四、简答题：（每题 10 分，共 2 小题，共计 20 分）

1．仿制图章工具与污点修复画笔工具有何区别？

2．移动选区和移动选区内的图像分别如何操作？

附录E　知识与能力总复习题2（内容见下载资源）

附录F　知识与能力总复习题3（内容见下载资源）